高等院校制药化工材料类专业实验系列教材

中级实验 I

（物理化学实验）

浙江台州学院医药化工学院组编

主　编　钟爱国

副主编　闫　华　金燕仙　戴国梁　赵　杰　陈　浩

ZHEJIANG UNIVERSITY PRESS
浙江大学出版社

图书在版编目（CIP）数据

中级实验.Ⅰ,物理化学实验 / 钟爱国主编；台州

学院医药化工学院组编. —杭州：浙江大学出版社，

2011.6（2019.7 重印）

ISBN 978-7-308-09093-3

Ⅰ.①中⋯ Ⅱ.①钟⋯ ②台⋯ Ⅲ.①物理化学—化

学实验—高等学校—教材 Ⅳ.①06-3

中国版本图书馆 CIP 数据核字（2011）第 184824 号

中级实验Ⅰ（物理化学实验）
钟爱国 主编
台州学院医药化工学院 组编

丛书策划	季 峥
责任编辑	季 峥
封面设计	六@联合视务
出版发行	浙江大学出版社
	（杭州天目山路 148 号 邮政编码 310007）
	（网址：http://www.zjupress.com）
排 版	浙江时代出版服务有限公司
印 刷	虎彩印艺股份有限公司
开 本	787mm×1092mm 1/16
印 张	9.5
字 数	225 千
版 印 次	2011 年 6 月第 1 版 2019 年 7 月第 2 次印刷
书 号	ISBN 978-7-308-09093-3
定 价	19.00 元

序

近年来,各高等院校为提高实验教学质量,以创建国家、省、市级实验教学中心为契机,通过以创新实验教学体系为突破口,努力探索构建实验教学和理论课程紧密衔接、理论运用与实践能力相互促进的实验教学体系,并取得了成效。为适应高等教育的发展,浙江台州学院于 2004 年将原归属于医药化工学院的化学、制药、化工、材料类各基础实验室和专业实验室进行多学科合并重组,建立了校级制药化工实验教学中心。比实验中心于 2007 年获得了省级实验教学示范中心立项。经过几年的探索和实践,实验中心建立了以"基础实验—专业技能实验—综合应用实验—设计研究实验"四个层次为实验主体模块的实验教学体系。

在新建立的实验教学体系中,基础实验模块含"基础实验Ⅰ(无机化学实验)"、"基础实验Ⅱ(有机化学实验)"、"基础实验Ⅲ(分析化学实验)"三门课程,主要包括"基本操作"、"物质的制备及基本性质"、"物质的分离与提纯"、"物质的分析"四部分内容,旨在通过该模块的实验教学,使各专业学生通过基础实验来理解和掌握必备的基础理论知识和基本操作技能;专业技能实验模块含"中级实验Ⅰ(物理化学实验)"、"中级实验Ⅱ(现代分析测试技术实验)"、"中级实验Ⅲ(化学工程实验)"三门课程,主要包括"物理量及参数测定"、"化工过程参数测定"及"仪器仪表的实验技术及应用"三部分有关测量技术和应用的实验内容,旨在通过该模块的实验教学,使各专业学生通过实验来理解和掌握必备的专业理论知识和实验技能,然后在此基础上提升各专业学生的专业基本技能;综合应用实验模块含"综合实验 A(化学、化工、制药类专业)"、"综合实验 B(材料类)"两门课程,该实验模块根据各专业的人才培养方案来设置相应的专业大实验和综合性实验,旨在通过该模块的实验教学,使各专业学生能在教师的指导和帮助下自主运用多学科知识来设计实验方案,完成实验内容,科学表征实验结果,进一步提高其专业基本技能、应用知识与技术的能力、综合应用能力;设计研究实验模块包括课程设计、毕业设计及毕业论文、学生科研等,该模块的实验属于研究设计性实验,学生将设计性实验与毕业论文、科研课题相结合,在教师的指导下进行阶段性系统研究,提高其综合应用能力和科学研究能力,着重培养创业创新意识和能力。

上述以四个实验模块为主体构建的实验教学体系经过几年的教学实践已取得了初步成效。为此,在浙江大学出版社的支持下,我们组织编写了这套适用于高等本科院校化学、化学工程与工艺、制药工程、环境工程、生物工程、材料化学、高分子材料与工程等专业使用的系列实验教材。

本系列实验教材以国家教学指导委员会提出的《普通高等学校本科化学专业规范》中的"化学专业实验教学基本内容"为依据,按照应用型本科院校对人才素质和能力的培养要求,以培养应用型、创新型人才为目标,结合各专业特点,参阅相关教材及大多数高等院校的实验条件编写。编写时注重实验教材的独立性、系统性、逻辑性,力求将实验基本理论、基础知识和基本技能进行系统的整合,以利于构建全面、系统、完整、精炼的实验课程教学体系和内容;在具体实验项目选择上除注意单元操作技术和安排部分综合实验外,更加注重实验在化工、制药、能源、材料、信息、环境及生命科学等领域上的应用,结合生产生活实际;同时注重了实验习题的编写,以体现习题的多样性、新颖性,充分发挥其在巩固知识和拓展思维方面的多种功能。

浙江台州学院医药化工学院

前　言

随着社会的进步和科技的发展,越来越多的新型仪器设备不断被引进各高等院校的化学实验室,原有教材中的仪器设备与实际应用的仪器设备不匹配,给学生学习和教师授课带来诸多不便,本教材正是为了适应我校的实际情况,结合教学大纲的要求而编写的。本教材适用化学教育、化学工程与工艺、制药工程、材料化学、高分子材料与二程、环境工程、精细化学品生产技术等专业。

本教材是"高等院校制药化工材料类专业实验系列教材"之一。它分"物理化学实验技术"、"物理化学实验"、"附录"三个部分,是以浙江台州学院化学系使月了十多年的物理化学实验讲义为基础,参考了众多国内外物理化学实验教材编写而成的。

物理化学实验技术(第1篇)包括温度测量技术、压力及真空测量技术、电化学测量技术和光学测量技术,介绍相关仪器的原理及使用方法。

物理化学实验(第2篇)包括化学热力学、电化学、化学动力学、胶体及表面化学、结构化学等5类共26个实验。

附录部分(第3篇)为物理化学实验中常用的34个数据表。

参加本教材编写工作的有陈红(第1、2章)、陈丹(第3、4章)、陈浩(实验3、4)、赵杰(实验5、6)、吴俊勇(实验7、12)、闫华(实验17、18)、金燕仙(实验13、14)、钟爱国(实验1、2、8～11、15、16、20、21、26)、李换英(实验19)、戴国梁(实验22～25)等,林彩萍老师参加了附录部分书稿的选定,全书由钟爱国统稿并担任主编。

本教材的编写是多年来从事物理化学实验教学工作的老师们共同努力的结果。由于时间仓促,水平所限,书中存在的缺点和错误在所难免,恳请读者给予批评指正。

编　者
2011 年 3 月于临海

目　录

目录

第1章　温度测量技术

热是能量交换的一种形式,是在一定时间内以热流形式进行的能量交换量。热量的测量一般是通过温度的测量来实现的。温度表征了物体的冷热程度,是表述宏观物质系统状态的一个基本物理量。温度的高低反映了物质内部大量分子或原子平均动能的大小。在物理化学实验中,许多热力学参数的测量、实验系统动力学或相变化行为的表征都涉及温度的测量问题。

1.1　温标

温度量值的表示方法叫温标。目前,物理化学中常用的温标有两种:热力学温标和摄氏温标。

热力学温标也称开尔文温标,是一种理想的绝对的温标,单位为 K,用热力学温标确定的温度称为热力学温度,用 T 表示。定义:在 610.62Pa 时纯水的三相点的热力学温度为 273.16K。

摄氏温标使用较早,应用方便,符号为 t,单位为℃。定义:101.325kPa 下,水的冰点为 0℃。

热力学温标与摄氏温标间的关系如下:

$$T/K = 273.15 + t/℃$$

1.2　水银温度计

水银温度计是常用的测量工具。其优点是结构简单,价格便宜,精确度高,使用方便等。缺点是易损坏且无法修理,且其读数易受许多因素的影响而引起误差。一般应根据实验目的的不同,选用合适的温度计。

1. 水银温度计的种类和使用范围

①常用－5～150℃、150℃、250℃、360℃等等,最小分度为 1℃或 0.5℃。

②量热用 0～15℃、12～18℃、15～21℃、18～24℃、20～30℃,最小分度为 0.01℃或 0.002℃。

③测温差用贝克曼温度计。其为移液式的内标温度计,温差量程 0～5℃,最小分度值为 0.01℃。

④石英温度计:用石英做管壁,其中充以氮气或氢气,最高可测温 800℃。

2.水银温度计的校正

大部分水银温度计是"全浸式"的,使用时应将其完全置于被测体系中,使两者完全达到热平衡。但实际使用时往往做不到这一点,因此在较精密的测量中需做校正。

(1)露茎校正

全浸式水银温度计如有部分露在被测体系之外,则读数准确性将受两方面的影响:第一是露出部分的水银和玻璃的温度与浸入部分不同,且受环境温度的影响;第二是露出部分长短不同,受到的影响也不同。为了保证示值的准确,必须对露出部分引起的误差进行校正。其方法如图1-1所示,用一支辅助温度计靠近测量温度计,其水银球置于测量温度计露茎高度的中部,校正公式如下:

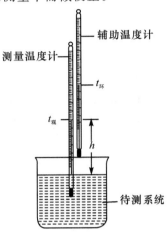

图1-1　温度计露茎校正

$$\Delta t_{露茎} = kh(t_{观} - t_{环})$$

式中:$k=0.00016$;h 为露茎长度;$t_{观}$ 为测量温度计读数;$t_{环}$ 为辅助温度计读数。

测量系统的正确温度为

$$t = t_{观} + \Delta t_{露茎}$$

(2)零点校正

玻璃具有热力学不稳定性,水银温度计下部玻璃受热后再冷却收缩到原来的体积,常常需要几天或更长时间,因此,水银温度计的读数将与真实值不符,必须做校正零点,校正方法是把测量温度计与标准温度计进行比较,也可用纯物质的相变点标定校正。

$$t = t_{观} + \Delta t_{示}$$

式中:$t_{观}$ 为测量温度计读数;$\Delta t_{示}$ 为示值校正值。

1.3　贝克曼温度计

物理化学实验中常用贝克曼温度计精密测量温差,其构造如图1-2所示。它与普通水银温度计的区别在于测温端水银球内的水银量可以借助毛细管上端的U型水银贮槽来调节。贝克曼温度计上的刻度通常只到5℃或6℃,每1℃刻度间隔5cm,中间分为100等分,可直接读到0.01℃,用放大镜可估读到0.002℃,测量精密度高。主要用于量热技术中,如凝固点降低、沸点升高及燃烧热的测定等精密测量温差的工作中。

贝克曼温度计在使用前需要根据待测系统的温度及误差的大小、正负来调节水银球中的水银量,把温度计的毛细管中水银端面调整在标尺的合适范围内。使用时,首先应将它插入一个与所测系统的初始温度相同的系统内,待平衡后,如果贝克曼温度计的读数在所要求刻度的合适位置,则不必调节,否则,按下列步骤进行调节:

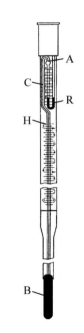

图1-2　贝克曼温度计

用右手握住温度计中部,慢慢将其倒置,用手轻敲水银贮槽,此时,贮槽内的水银会与毛细管内的水银相连,将温度计小心正置,防止贮槽内的水银断开。调节烧杯中水温至所需的测量温度。设要求欲测温度为 t 时,使水银面位于刻度"1"附近,则使烧杯中水温 t' $=t+4+R(R$ 为 H 点到 A 点这一段毛细管所对应的温度,一般约为 $2℃$,见图 1-2)。将贝克曼温度计插入温度为 t' 的盛水烧杯中,待平衡后取出(离实验台稍远些),右手握住贝克曼温度计的中部,左手沿温度计的轴向轻轻敲击右手手腕部位,振动温度计,使水银在 A 点处断开,这样就使温度计置于温度 t' 的系统中时,毛细管中的水银面位于 A 点处,而当系统温度为 t 时,水银面将位于 $3℃$ 附近。

贝克曼温度计较贵重,下端水银球尺寸较大,玻璃壁很薄,极易损坏,使用时不要与任何物体相碰,不能骤冷骤热,避免重击,不要随意放置,用完后,必须立即放回盒内。

1.4 热电偶温度计

1. 原理

热电偶温度计是以热电效应为基础的测量仪。如果两种不同成分的均质导体形成回路,直接测温端叫测量端(热端),接线端叫参比端(冷端),当两端存在温差时,就会在回路中产生电流,那么两端之间就会存在 Seebeck 热电动势,即塞贝克效应,如图 1-3 所示。热电势的大小只与热电偶导体材质以及两端温差有关,与热电偶导体的长度、直径和导线本身的温度分布无关。因此,可以通过测量热电动势的大小来测量温度。这样一对导线的组合称为热电偶温度计,简称热电偶。对同一热电偶,如果参比端的温度保持不变,热电动势就只与测量端的温度有关,故测得热电动势后,即可求测量端的温度。

热电偶具有构造简单、适用温度范围广、使用方便、承受热与机械冲击的能力强以及响应速度快等特点,常用于高温区域、振动冲击大等恶劣环境以及微小结构测温场合的测量。

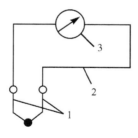

图 1-3 热电偶原理图
1—热电偶;2—连接导线;3—显示仪表

2.几种类型的热电偶

常见的几种热电偶见表1-1。

表1-1　常见类型热电偶

热电偶名称	分度号	温度范围/℃
铂铑$_{30}$ - 铂铑$_6$	B	0～1600
铂铑$_{10}$ - 铂	S	0～1300
铂铑$_{13}$ - 铂	R	0～1300
镍铬 - 镍硅	K	0～1200
镍铬 - 康铜	E	0～750
铁 - 康铜	J	0～750
铜 - 康铜	T	−200～350

（陈红编）

第2章 压强及真空测量技术

压强是描述系统状态的重要参数,许多物理化学性质,如蒸气压、沸点、熔点等都与压强有关,因此,正确掌握压强的测量方法和技术是十分必要的。

2.1 压力计

1.福廷式气压计

测量大气压强的仪器称为气压计。实验室最常用的气压计是福廷式气压计,其构造见图2-1。福廷式气压计的外部为一黄铜管6,内部是一顶端封闭的装有汞的玻璃管1,玻璃管插在下部汞槽8内,玻璃管上部为真空。在黄铜管的顶端开有长方形窗口,并附有刻度主标尺3,在窗口内放一游标尺2,转动螺丝4可使游标上下移动,这样可使读数的精确度达到0.1mm或0.05mm。黄铜管的中部附有温度计5,汞槽的底部为一柔性皮袋,下部由调节螺丝11支持,转动11可调节汞槽内汞液面的高低,汞槽上部有一个倒置固定的象牙针7,其针尖即为主标尺的零点。

福廷式气压计的使用步骤如下:垂直放置气压计,旋转底部调节螺旋,仔细调节水银槽内汞液面,使之恰好与象牙针尖接触(利用槽后面的白瓷板的反光,仔细观察),然后通过转动游标尺调节螺丝来调节游标尺,直至游标尺两边的边缘与汞液面的凸面相切,切点两侧露出三角形的小空隙,这时,游标尺的零刻度线对应的主标尺上的刻度值,即为大气压的整数部分,从游标尺上找出一个恰与主标尺上某一刻度线相吻合的刻度,此游标尺上的刻度值即为大气压的小数部分。记下读数后,转动螺丝11,使汞液面与象牙针脱离,同时记录气压计上的温度和气压计本身的仪器误差,以便进行读数校正。

2.U型压力计

U型压力计是物理化学实验中用得最多的压力计。其优点是构造简单,使用方便,能测量微小压差;缺点是测量范围较小,示值与工作液的密度有关,也就是与工作液的种类、纯度、温度及重力加速度有关,且结构不牢固,耐压程度较差。U型压力计由两端开口的垂直U型玻璃管及垂直放置的刻度标尺构成,管内盛有适量

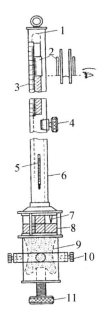

图2-1 福廷式气压计

1—封闭的玻璃管;2—游标尺;3—主标尺;4—游标尺调节螺丝;5—温度计;6—黄铜管;7—零点象牙针;8—汞槽;9—柔性皮袋;10—铅直调节固定螺丝;11—汞槽液面调节螺丝

5

工作液作为指示液,构造如图 2-2 所示。图中,U 型管的两支管分别连接于两个测压口,因为气体的密度远小于工作液的密度,因此,由液面差 Δh 及工作液的密度 ρ 可得下列式子:

$$p_1 - p_2 = \rho g \Delta h$$

这样,压差 $p_1 - p_2$ 的大小即可用液面差 Δh 来度量。若 U 型管的一端是与大气相通的,则可测得系统的压力与大气压力的差值。

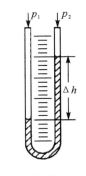

图 2-2　U 型压力计

3.数字式盒子压力计

实验室经常用 U 型压力计测量从真空到外界大气压这一区间的压力。虽然这种方法原理简单,形象直观,但由于其工作液——水银的毒性大以及不便于远距离观察和自动记录,因此这种压力计逐渐被数字式电子压力计所取代。数字式电子压力计具有体积小、精确度高、操作简单、便于远距离观测和能够实现自动记录等优点,目前已得到广泛的应用。用于测量负压($0 \sim 100 \text{kPa}$)的 DP－A 精密数字压力计即属于这种压力计。

(1)工作原理

数字式电子压力计由压力传感器、测量电路和电性指示器三部分组成。其中,压力传感器主要由波纹管、应变梁和半导体应变片组成。如图 2-3 所示,弹性应变梁的一端固定,另一端与连接系统的波纹管相连,称为自由端。当系统压力通过波纹管的底部作用自由端时,应变梁便发生扭曲,使其两侧及前后的四块半导体应变片因机械变形而引起电阻值变化。

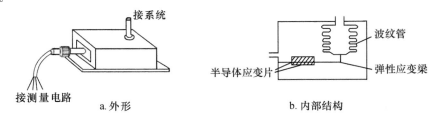

图 2-3　压力传感器外形与内部结构

这四块半导体应变片组成如图 2-4 所示的电桥线路。当压力计接通电源后,在电桥线路 AB 端输入适当电压后,首先调节零点电位器 R_x 使电桥平衡,这时传感器内压力与外压相等,压差为零。当连通系统后,负压经波纹管产生一个应力,使应变梁发生形变,半导体应变片的电阻值发生变化,电桥失去平衡,从 CD 端输出一个与压差相关的电压信号,可用数字电压表或电位差计测得。如果对传感器进行标定,可以得到输出信号与压差之间的比例关系为 $\Delta p = KU$。此压差通过电性指示器记录或显示。

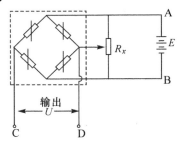

图 2-4　压力传感器电桥线路

（2）使用方法

①接通电源，按下电源开关，预热 5min 后即可正常工作。

②"单位"键：当接通电源，压强指示灯亮，显示以 kPa 为计量单位的零压强值；按一下"单位"键，mmHg 指示灯亮，则显示 mmHg 为计量单位的零压力值。通常情况下选择"kPa"为单位。

③当系统与外界处于等压状态时，按一下"采零"键，使仪表自动扣除传感器零压力值（零点漂移），显示为"00.00"，此数值表示此时系统和外界的压差为零。当系统内压强降低时，则显示负压数值，将外界压强加上该负压数值即为系统内的实际压强。

④该仪器采用 CPU 进行非线性补偿，但电网干扰脉冲可能会出现程序错误造成死机，此时应按下"复位"键，程序从头开始。

注意：一般情况下，不会出现此错误，故平时不需按此键。

⑤当实验结束后，将被测系统泄压为"00.00"，将电源开关置于关闭位置。

2.2 真空及测量技术

真空是指低于标准压力的气态空间。真空状态下气体的稀薄程度常以压强值表示，习惯上称作真空度。现行的国际单位制（SI）中，真空度的单位和压强的单位一样，均统一为"帕"，符号为"Pa"。

在物理化学实验中通常按真空的获得和测量方法的不同，将真空划分为以下几个区域：

粗真空　　　$10^5 \sim 10^3\,\mathrm{Pa}$；

低真空　　　$10^3 \sim 10^{-1}\,\mathrm{Pa}$；

高真空　　　$10^{-1} \sim 10^{-6}\,\mathrm{Pa}$；

超高真空　　$10^{-6} \sim 10^{-10}\,\mathrm{Pa}$；

极高真空　　$< 10^{-10}\,\mathrm{Pa}$。

在近代的物理化学实验中，凡是涉及气体的物理化学性质、气相反应动力学、气固吸附以及表面化学的研究，为了排除空气和其他气体的干扰，通常都需要在一个密闭的容器内进行，首先必须将干扰气体抽去，创造一个具有某种真空度的实验环境，然后将被研究的气体通入，才能进行有关研究。因此，真空的获得和测量是物理化学实验技术的一个重要方面，学会真空体系的设计、安装和操作是一项重要的基本技能。

1. 真空的获得

为了获得真空，就必须设法将气体分子从容器中抽出。凡是能从容器中抽出气体，使气体压力降低的装置，都可称为真空泵。一般实验室用得最多的真空泵是水泵、机械泵和扩散泵。

（1）水泵

水泵也叫水流泵、水冲泵，构造见图 2-5。水经过收缩的喷口以高速喷出，使喷口处形成低压，产生抽吸作用，由体系进入的空气分子不断被高速喷出的水流带走。水泵能达到的真空度受水本身的蒸气压的限制,20℃时极限真空度约为 $10^3\,\mathrm{Pa}$。

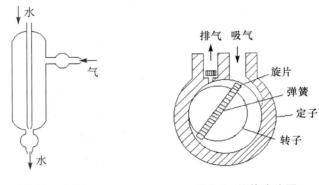

图 2-5　水泵　　　　图 2-6　旋片式油泵

(2)机械泵

常用的机械泵为旋片式油泵(图 2-6)。气体从真空体系吸入泵的入口,随偏心轮旋转的旋片使气体压缩,而从出口排出,转子的不断旋转使这一过程不断重复,因而达到抽气的目的。这种泵的效率主要取决于旋片与定子之间的严密程度。整个单元都浸在油中,以油作封闭液和润滑剂。实际使用的油泵是旋片与定子这两个单元串联而成的,这样效率更高,使泵能达到较大的真空度(约 $10^{-1}\,\mathrm{Pa}$)。

使用机械泵必须注意:油泵不能用来直接抽可凝性的蒸气,如水蒸气、挥发性液体或腐蚀性气体,应在体系和泵的进气管之间串接吸收塔或冷阱。例如,用氯化钙或五氧化二磷吸收水汽;用液状石蜡或吸收油吸收烃蒸气;用活性炭或硅胶吸收其他蒸气。泵的进气管前要接一个三通活塞,在机械泵停止运行前,应先通过三通活塞使泵的进气口与大气相通,以防止因泵油倒吸而污染实验体系。

(3)扩散泵

扩散泵的原理是利用一种工作物质高速从喷口处喷出,在喷口处形成低压,对周围气体产生抽吸作用而将气体带走。这种工作物质在常温时应是液体,并具有极低的蒸气压,用小功率的电炉加热就能使液体沸腾气化,沸点不能过高,通过水冷却便能使气化的蒸气冷凝下来,过去用汞,现在通常采用硅油。扩散泵的工作原理可见图 2-7,硅油被电炉加热沸腾气化后,通过中心导管从顶部的二级喷口处喷出,在喷口处形成低压,将周围气体带走,而硅油蒸气随即被冷凝成液体回流入底部,循环使用。被夹带在硅油蒸气中的气体在底部聚集,立即被机械泵抽走。在上述过程中,硅油蒸气起着一种抽运作用,其抽运气体的

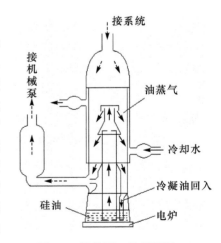

图 2-7　扩散泵工作原理图

能力取决于以下三个因素:硅油本身的相对分子质量要大,喷射速度要高,喷口级数要多。用相对分子质量大于 3000 的硅油作工作物质的四级扩散泵,其极限真空度可达到 10^{-7} Pa;三级扩散泵可达 10^{-4} Pa。

油扩散泵必须用机械泵为前级泵，将其抽出的气体抽走，不能单独使用。扩散泵的硅油易被空气氧化，因此使用时应用机械泵先将整个体系抽至低真空后，才能加热硅油。硅油不能承受高温，否则会裂解。硅油蒸气压虽然极低，但仍然会蒸发一定数量的油分子进入真空体系，沾污被研究对象。因此，一般需在扩散泵和真空体系连接处安装冷凝阱，以捕捉可能进入体系的油蒸气。

2.真空的测量

真空测量实际上就是测量低压下气体的压力，所用的量具通称为真空规。由于真空度的范围宽达十几个数量级，因此总是用若干个不同的真空规来测量不同范围的真空度。常用的真空规有 U 型水银压力计、麦氏真空规、热偶真空规和电离真空规等。

(1)麦氏真空规

麦氏真空规的构造如图 2-8 所示。它是利用波义耳定律，将被测真空体系中的一部分气体(装在玻璃泡和毛细管中的气体)加以压缩，比较压缩前后体积、压力的变化，算出其真空度。具体测量的操作步骤如下：缓缓开启活塞，使真空规与被测真空体系接通，这时真空规中的气体压力逐渐接近于被测体系的真空度，同时将三通活塞开向辅助真空，对汞槽抽真空，不让汞槽中的汞上升。待玻璃泡和闭口毛细管中的气体压力与被测体系的压力达到稳定平衡后，可开始测量。将三通活塞小心缓慢地开向大气，使汞槽中汞缓慢上升，进入真空规上方。当汞面上升到切口处时，玻璃泡和毛细管即形成一个封闭体系，其体积是事先标定过的。

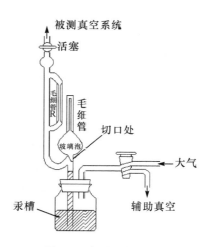

图 2-8　麦氏真空规

令汞面继续上升，封闭体系中的气体被不断压缩，压力不断增大，最后压缩到闭口毛细管内。毛细管 R 是开口通向被测真空体系的，其压力不随汞面上升而变化。因而随着汞面上升，毛细管 R 和闭口毛细管产生压差，其差值可从两个汞面在标尺上的位置直接读出，如果毛细管和玻璃泡的容积为已知，压缩到闭口毛细管中的气体体积也能从标尺上读出，就可算出被测体系的真空度。通常，麦氏真空规已将真空度直接刻在标尺上，不再需要计算。使用时只要闭口毛细管中的汞面刚达零线，立即关闭活塞，停止汞面上升，这时毛细管 R 中的汞面所在位置的读数，即所求真空度。麦氏真空规的量程范围为 $10 \sim 10^{-4}\,\mathrm{Pa}$。

(2)热偶真空规和电离真空规

热偶真空规是利用低压时气体的导热能力与压力成正比的关系制成的真空测量仪，其量程范围为 $10 \sim 10^{-1}\,\mathrm{Pa}$。电离真空规是一只特殊的三极电离真空管，在特定的条件下根据正离子流与压力的关系，达到测量真空度的目的，其量程范围为 $10^{-1} \sim 10^{-6}\,\mathrm{Pa}$。通常是将这两种真空规复合配套组成复合真空计，该仪器已成为商品。

3.真空体系的设计和操作

真空体系通常由真空产生、真空测量和真空使用三部分组成,这三部分之间通过一根或多根导管、活塞等连接起来。应根据所需要的真空度和抽气时间来综合考虑选配泵,确定管路和选择真空材料。

(1)真空体系各部件的选择

① 材料:真空体系的材料,可以用玻璃或金属。玻璃真空体系吹制比较方便,使用时可观察内部情况,便于在低真空条件下用高频火花检漏器检漏,但其真空度较低,一般可达 $10^{-1} \sim 10^{-3}$ Pa。不锈钢材料制成的金属体系的真空体系可达到 10^{-10} Pa 的真空度。

② 真空泵:要求极限真空度仅达 10^{-1} Pa 时,可直接使用性能较好的机械泵,不必用扩散泵。要求真空度优于 10^{-1} Pa 时,则用扩散泵和机械泵配套。选用真空泵时主要考虑泵的极限真空度的抽气速率。对极限真空度要求高,可选用多级扩散泵,要求抽气速率大,可采用大型扩散泵和多喷口扩散泵。扩散泵应配用机械泵作为它的前级泵,选用机械泵要注意它的真空度和抽气速率应与扩散泵匹配。如用小型玻璃三级油扩散泵,其抽气速率在 10^{-2} Pa 时约为 60mL·s^{-1},配套一台抽气速率为 30L·min^{-1}(1Pa 时)的旋片式机械泵就正好合适。真空度要求优于 10^{-6} Pa 时,一般选用钛泵和吸附泵配套。

③ 真空规:根据所需量程及具体使用要求来选定。如真空度在 $10 \sim 10^{-2}$ Pa,可选用转式麦氏真空规或热偶真空规;真空度在 $10^{-1} \sim 10^{-4}$ Pa,可选用座式麦氏真空规或电离真空规;真空度在 $10 \sim 10^{-6}$ Pa 的较宽范围,通常选用热偶真空规和电离真空规配套的复合真空规。

④ 冷阱:冷阱是在气体通道中设置的一种冷却式陷阱,使气体经过时被捕集的装置。通常在扩散泵和机械泵间要加冷阱,以免有机物、水汽等进入机械泵。在扩散泵和待抽真空部分之间,一般也要装冷阱,以防止油蒸气沾污测量物,同时捕集气体。常用冷阱结构如图 2-9 所示。具体尺寸视所连接的管道尺寸而定,一般要求冷阱的管道不能太细,以免冷凝物堵塞管道或影响抽气速率;也不能太短,以免降低捕集效率。冷阱外套杜瓦瓶,常用冷却剂为液氮、干冰等。

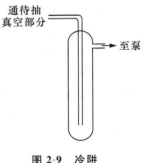

图 2-9　冷阱

⑤ 管道和真空活塞:管道和真空活塞都是玻璃真空体系上连接各部件用的。管道的尺寸对抽气速率影响很大,因此管道应尽可能粗而短,尤其在靠近扩散泵处更应如此。选择真空活塞应注意它的孔芯大小要和管道尺寸相配合。对高真空来说,用空心旋塞较好,它重量轻,温度变化引起漏气的可能性较少。

⑥ 真空涂敷材料:真空涂敷材料包括真空酯、真空泥和真空蜡等。真空酯用在磨口接头和真空活塞上。国产真空酯按使用温度不同,分为 1 号、2 号、3 号真空酯。真空泥用来修补小沙孔或小缝隙。真空蜡用来胶合难以融合的接头。

(2)真空体系的检漏和操作

① 真空泵的使用:启动扩散泵前要先用机械泵将体系抽至低真空,然后接通冷却水,接通电炉,使硅油逐步加热,缓缓升温,直至硅油沸腾并正常回流为止。停止扩散泵工作

时，先关加热电源至不再回流后关闭冷却水进口，再关扩散泵进出口旋塞。最后停止机械泵工作。油扩散泵中应防止空气进入(特别是在温度较高时)，以免油被氧化。

② 真空体系的检漏：低真空体系的检漏，最方便的是使用高频火芪真空检漏仪。它是利用低压力($10^3 \sim 10^{-1}$Pa)下气体在高频电场中发生感应放电时所产生的不同颜色，来估计气体的真空度。使用时，按住手揿开关，放电簧端应看到紫色火花，并听到蝉鸣响声。将放电簧移近任何金属物时，应产生不少于三条火花线，长度不短于20mm，调节仪器外壳上面的旋钮可改变火花线的条数和长度。火花正常后，可将放电簧对准真空体系的玻璃壁，此时如压力小于10^{-1}Pa或大于10^3，则紫色火花不能穿越玻璃壁进入真空部分；若压强为$10^3 \sim 10^{-1}$Pa，则紫色火花能穿越玻璃壁进入真空部分内部，并产生辉光。当玻璃真空体系上有微小的沙孔漏洞时，由于大气穿过漏洞处的导电率比玻璃导电率高得多，因此当高频火花真空检漏仪的放电簧靠近漏洞时，会产生明亮的光点，这个明亮的光点就是漏洞所在处。

实际的检漏过程如下：启动机械泵数分钟后，可将体系抽至$10 \sim 1$Pa，这时用火花检漏器检查可以看到红色辉光放电。然后关闭机械泵与体系连接的旋塞，5min后再用火花检漏器检查，其放电现象应与前相同，如不同表明体系漏气。为了迅速找出漏气所在处，常采用分段检查的方式进行，即关闭某些旋塞，把体系分成几个部分，分别检查。用高频火花仪对体系逐段仔细检查，如果某处有明亮的光点存在，在该处就有沙孔。检漏器的放电簧不能在某一地点停留过久，以免损伤玻璃。玻璃体系的铁夹附近及金属真空体系不能用火花检漏器检漏。查出的个别小沙孔可用真空泥涂封，较大漏洞需重新熔接。

体系能维持初级真空后，便可启动扩散泵，待泵内硅油回流正常后，可用火花检漏器重新检查体系，当看到玻璃管壁呈淡蓝色荧光，而体系没有辉光放电时，表明真空度已优于10^{-1}Pa。否则，体系还有极微小漏气处，此时同样再利用高频火花检漏仪分段检查漏气，再以真空泥涂封。

若管道段找不到漏孔，则通常为活塞或磨口接头处漏气，需重涂真空酯或换接新的真空活塞或磨口接头。真空酯要涂得薄而均匀，两个磨口接触面上不应留有任何空气泡或"拉丝"。

③ 真空体系的操作：在开启或关闭活塞时，应双手进行操作，一手握活塞套，一手缓缓旋转内塞，保证开、关活塞时不产生力矩，以免玻璃体系因受力而扭裂。

对真空体系抽气或充气时，应通过活塞的调节，使抽气或充气缓缓进行，切忌令体系压力变化过剧，因为体系压力突变会导致U型水银压力计内的水银冲出或吸入体系。

（陈红编）

第2章 压强及真空测量技术

第 3 章　电化学测量技术

电化学测量技术在物理化学实验中占有重要地位,常用它来测量电导、电动势等参数,它更是热化学中精密温度测量和计量的基础。

3.1　电导的测量

电导这个物理化学参数不仅反映出电解质溶液中离子状态及其运动的许多信息,而且由于它在稀溶液中与离子浓度之间呈简单线性关系,被广泛用于分析化学和化学动力学过程的测试中。

电导的测量除用交流电桥法外,还可用电导率仪进行。目前广泛使用的是 DDS 型和 DDS－11A 型电导率仪,下面介绍 DDS－11A 型电导率仪。

1. 测量原理

DDS－11A 型电导率仪原理见图 3-1。

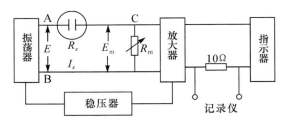

图 3-1　DDS－11A 型电导率仪原理图

稳压电源输出一个稳定的直流电压,供给振荡器和放大器,使它们工作在稳定状态。振荡器由于采用了电感负载式的多谐振荡电路,具有很低的输出阻抗,其输出电压不随电导池电阻 R_x 的变化而变化,从而为电阻分压回路提供一个稳定的标准电动势 E,电阻分压回路由电导池电阻 R_x 和电阻箱 R_m 串联组成,E 加在该回路 AB 两端,产生测量电流 I_x,根据欧姆定律得

$$I_x = \frac{E}{R_x + R_m} = \frac{E_m}{R_m}$$

由于 E 和 R_m 恒定不变,设 $R_m \ll R_x$,则

$$I_x \propto \frac{1}{R_x}$$

由上式可看出,测量电流 I_x 的大小正比于电导池两极间溶液的电导:

$$E_m = I_x R_m = \frac{E R_m}{R_x + R_m}$$

因为

$$G = \frac{1}{R_x}$$

所以

$$E_{\mathrm{m}} = \frac{ER_{\mathrm{m}}}{\dfrac{1}{G} + R_{\mathrm{m}}}$$

由于 E 和 R_{m} 不变,因此电导 G 只是 E_{m} 的函数,E_{m} 经放大检波后,在显示仪表上用换算成的电导值或电导率值显示出来。

2. 使用方法

DDS－11A 型电导率仪的面板如图 3-2 所示。

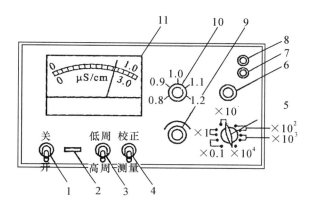

图 3-2　DDS－11A 型电导率仪的面板图

1—电源开关;2—指示灯;3—高周、低周开关;4—校正、测量开关;

5—量程选择开关;6—电容补偿开关;7—电极插口;8—10mV 输出插口;

9—校正调节器;10—电极常数调节器;11—表头

① 接通电源前,观察表针是否指零,若不指零,可调节表头螺丝,使其指零。

② 接通电源打开开关,预热数分钟。

③ 将校正、测量开关 4 扳到"校正"位置,调节校正调节器 9,使电表满刻度指示。

④ 若待测液体的电导率低于 $300\mu\mathrm{S} \cdot \mathrm{cm}^{-1}$,开关 3 在"低周"位置:若待测液体的电导率为 $300 \sim 10^{5}\mu\mathrm{S} \cdot \mathrm{cm}^{-1}$,开关在"高周"位置。

⑤ 将量程选择开关 5 扳到所需要的测量范围,若预先不知被测液体电导率的大小,应先扳在最大电导率档,然后逐档下降。

⑥ 根据液体电导率的大小选用不同电极。当待测液体的电导率低于 $10\mu\mathrm{S} \cdot \mathrm{cm}^{-1}$ 时,使用 DJS－1 型光亮电极;当待测液体的电导率为 $10 \sim 10^{4}\mu\mathrm{S} \cdot \mathrm{cm}^{-1}$ 时,使用 DJS－1 型铂黑电极;当待测液体的电导率大于 $10^{4}\mu\mathrm{S} \cdot \mathrm{cm}^{-1}$ 时,可选用 DJS－10 型铂黑电极。

⑦ 电极在使用时,用电极夹夹紧电极的胶木帽,并通过电极夹把电极固定在电极杆上,将电插头插入电极插口内,旋紧插口上的紧固螺丝,再将电极浸入待测溶液中。

⑧ 将校正、测量开关 4 拨向"测量"端,这时指针指示读数乘以量程开关的倍率即为待测液的实际电导率。

3. 注意事项

① 电极应完全浸入电导池溶液中。

② 保证待测系统的温度恒定。

③ 电导电极插头绝对防止受潮。

④ 电导池常数应定期进行复查和标定。

3.2　电池电动势的测量

电池电动势的测量必须在可逆条件下进行。所谓可逆条件，一是要求电池本身的各个电极过程可逆，二是要求测量电池电动势时，电池几乎没有电流通过，即测量回路中 $I=0$。为此可在测量装置上设计一个与待测电池的电动势数值相等而方向相反的外加电动势，以对消待测电池的电动势，这种测电动势的方法称为对消法。

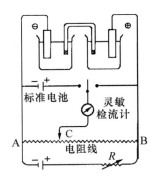

图 3-3　对消法测电动势基本电路

1. 测量原理

电位差计就是根据对消法原理而设计的，线路如图 3-3 所示。

图中整根 AB 线的电位差可等于标准电池的电位差。这可通过"校准"的步骤来实现，标准电池的负端与 A 端相连（即与工作电池是对消状态），而正端串联一个检流计，通过并联直达 B 端，调节可调电阻，使检流计指针为零，即无电流通过，这时 AB 线上的电位差就等于标准电池的电位差。

测未知电池时，负极与 A 端相连，而正极通过检流计连接到探针 C 上，将探针 C 在电阻线 AB 上来回滑动，找到使检流计指针为零的位置，此时

$$E_x = \mathrm{AC/AB}$$

2. UJ—25 型电位差计

直流电位差计是测量电池电动势的仪器，可分为高阻型和低阻型两种，使用时可根据待测系统的不同而加以选择，低阻型用于一般的测量，高阻型用于精确测量。UJ—25 型电位差计是高阻型，与标准电池、检流计等配合使用，可获得较高精确度。图 3-4 是其面板示意图。

(1)使用方法

① 连接线路：首先将转换开关 2 拨到"断"的位置，电计按钮 1 全部松开，然后按图 3-4所示将标准电池、工作电池、待测电池及检流计分别用导线连接在"标准"、"工作"、"未知 1"或"未知 2"、"电计"接线柱上，注意正负极不要接反。

② 标定电位差计：调节工作电流，先读取标准电池上所附温度计的温度值，并按公式计算标准电池的电动势。

$$E_t/\mathrm{V} = E_{20℃}/\mathrm{V} - [4.05 \times 10^{-5}(t/℃-20) - 9.5 \times 10^{-7}(t/℃-20)^2 - 1 \times 10^{-8}(t/℃-20)^3]$$

$E_{20℃} = 1.01845\mathrm{V}$。

将标准电池温度补偿旋钮 5 调节在该温度下电池电动势处，再将转换开关 2 置于

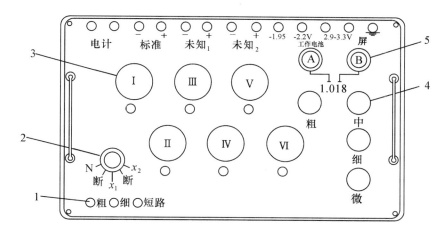

图 3-4 UJ－25 型电位差计面板图

1－电计按钮(共三个);2－转换开关;3－电位测量旋钮(共六个);

4－工作电流调节旋钮(共四个);5－标准电池温度补偿旋钮(共两个)

"N"的位置,按下电计按钮 1 的"粗"按钮,调节工作电流调节旋钮 4,使检流计示零,然后按下"细"按钮,再调节工作电流使检流计示零,此时工作电流调节完毕。由于工作电池的电动势会发生变化,因此在测量过程中要经常标定电位差计。

③ 测量未知电动势:松开全部按钮,若待测电动势接在"未知1",则将转换开关 2 置于"x_1"位置。从左到右依次调节各电位测量旋钮 3,先在电计按钮 1 的"粗"按钮按下时,使检流计示零,然后松开"粗"按钮,随即按下"细"按钮,使检流计示零。依次调节各个测量旋钮,至检流计光点示零。六个测量旋钮下的小窗孔内读数总和即为待测电池的电动势。

(2)注意事项

① 测量时,电计按钮按下的时间应尽量短,以防止电流通过而改变电极表面的平衡状态。

② 电池电动势与温度有关,若温度改变,则要经常标定电位差计。

③ 测量时,若发现检流计受到冲击,应迅速按下短路按钮,以保护检流计。

3. EM－3C 数字式电位差计

数字式电位差计用于电动势的精密测定,替代 UJ－25 等传统仪器和与之配套的电源、光电检流计、变阻箱等设备,采用对消法测定原电池电动势。用内置的可代替标准电池的高精度参考电压集成块作比较电压,保留了平衡法测量电动势仪器的原理。仪器线路设计采用全集成器件,被测电动势与参考电压经过高精度的仪表放大器比较输出,达至平衡时即可知被测电动势的大小。仪器还设置了外校输入,可接标准电池来校正仪器的测量精度。仪器的数字显示采用左六位及右四位两组高亮度 LED,具有字形美、亮度高的特点。图 3-5 是其面板示意图。

(1)使用方法

① 通电:插上电源插头,打开电源开关,"电动势指示"和"平衡指示"两组 LED 显示即亮。预热 5min。将面板右侧功能选择开关置于"测量"档。

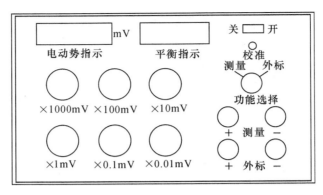

图 3-5　EM-3C 型数字式电位差计面板图

② 接线:将被测电动势按正、负极性用测量线接在面板的测量位置。仪器提供两根通用测量线,一般黑线接负,红线接正。

③ 设定内部标准电动势值:左 LED 显示的为由拨位开关和电位器设定的内部标准电动势值,以设定内部标准电动势值为 1.01862 为例,将"×1000mV"档拨位开关拨到 1,将"×100mV"档拨位开关拨到 0,将"×10mV"档拨位开关拨到 1,将"×1mV 档"拨位开关拨到 8,将"×0.1mV"档拨位开关拨到 6,旋转"×0.01mV"档电位器,使电动势指示 LED 的最后一位显示为 2。右 LED 显示的为设定的内部标准电动势值和被测电动势的差值。如显示 OU.L,则表示被测电动势与设定的内部标准电动势值的差值过大。

④ 测量:观察右边 LED 的显示值,从大到小调节左边拨位开关和电位器,设定内部标准电动势值直到右边 LED 的显示值接近"00000",等待电动势指示数码显示稳定下来,此即为被测电动势值。需注意的是,"电动势指示"和"平衡指示"数码显示在小范围内摆动属正常,摆动数值在 ±1 个字之间。

⑤ 校准:用外部标准电池校准。仪器出厂时均已调校好,为了保证测量精度,可以由用户校准。将标准电池用测量线接在面板的外标位置,并将右侧功能选择开关的档位拨至"外标"档,调节左边拨位开关和电位器,设定内部标准电动势值为标准电池的实际数值,观察右边"平衡指示"的 LED 显示值,如果不为零值附近,按"校准"按钮,放开按钮,"平衡指示"的 LED 显示值应为零,校准完毕。

(2)注意事项

① 仪器不要放置在有强电磁场干扰的区域内。

② 因仪器精度高,测量时应单独放置,不可将仪器叠放,也不要用手触摸仪器外壳。每次调节后,"电动势指示"处的 LED 显示值需经过一段时间后才能稳定下来。测试完毕后,需将被测电动势及时取下。

③仪器已校准好,不要随意校准。如仪器正常加电后无显示,请检查后面板上的保险丝(0.5A)。

④ 若波段开关旋钮松动或旋钮指示错位,可撬开旋钮盖,用备用专用工具对准旋钮内槽口拧紧即可。

(陈丹编)

第4章 光学测量技术

4.1 折射率的测量

1.折射率与浓度的关系

折射率是物质的特性常数,纯物质具有确定的折射率,但如果混有杂质,其折射率会偏离纯物质的折射率,杂质越多,偏离越大。纯物质溶解在溶剂中,折射率也发生变化。当溶质的折射率小于溶剂的折射率时,浓度越大,混合物的折射率越小。因此,通过测定物质的折射率就可以定量地求出该物质的浓度或纯度,其方法如下:

① 制备一系列已知浓度的样品,分别测量各样品的折射率。

② 以样品浓度 c 和折射率 n_D 作图,得一工作曲线。

③ 据待测样品的折射率,由工作曲线查得其相应浓度。

根据折射率测定样品的浓度这一方法所需试样量少,且操作简单方便,读数准确。实验室中常用阿贝折射仪测定液体和固体物质的折射率。

2.阿贝折射仪

(1)光学原理

当一束单色光从各向同性的介质 1 进入密度不同的各向同性的介质 2 时,如果光线传播方向不垂直于这两种介质的界面,则会发生折射现象。根据斯内尔(Snell)折射定律,有

$$n_1 \sin\theta_1 = n_2 \sin\theta_2$$

式中:n_1、n_2 分别为介质 1 和介质 2 的绝对折射率;θ_1 为入射角;θ_2 为折射角。

若光线从光密介质进入光疏介质,也就是 $n_1 > n_2$ 时,折射角 θ_2 大于入射角 θ_1,且折射角随入射角的增大而增大(图 4-1a)。当入射角 θ_1 增大到一定值时,折射角 θ_2 将增大到 $90°$,此时的入射角称为临界角,以 θ_c 表示,如图 4-1b 所示。显然,对于入射角为 $0 \sim \theta_c$ 的入射光线,若在 M 处置一目镜,我们能观察到视野中光密介质的亮度,但当入射角大于 θ_c 时,光密介质中将不会再有光线折射进入,此时视野中光密介质的亮度立即消失。明暗分界线为临界角的位置,如图 4-1c 所示。

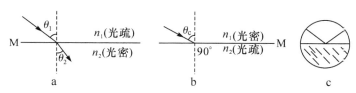

图 4-1 临界角测量原理

此时,则有

$$n_2 = n_1 \sin\theta_c$$

若介质 2 为试样,介质 1 为玻璃棱镜,由于棱镜的折射率为已知,只要测得 θ_c 即可求出试样的折射率。阿贝折射仪就是根据这个原理而设计的。

(2)仪器构造

阿贝折射仪外形见图 4-2。它的核心部分是由两块折射率为 1.75 的玻璃直角棱镜组成的棱镜组:下面的一块是辅助棱镜 8,其斜面是磨砂的;上面的一块是测量棱镜 10,其斜面是高度抛光的。两块棱镜之间有一微小均匀的间隙(约 0.1 ~ 0.15mm),其中可以铺展一层待测液体试样。当入射光线(自然光或白炽光)经反射镜 6 反射至辅助棱镜 8 后,便在其磨砂面上产生漫反射,以各种角度通过试样液层,在试样与测量棱镜 10 的界面发生折射,光线再经一对等色散阿米西棱镜消除色散,经聚焦之后射于目镜上,此时若目镜的位置合适,则可看到半明半暗的图像。实验时,转动读数手柄,调节棱镜组的角度,使明暗分界线正好落在目镜十字线的交叉点上,这时从读数标尺上就可读出试样的折射率。

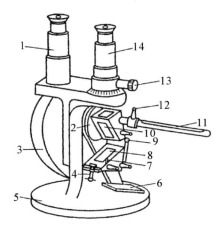

图 4-2　阿贝折射仪

1—读数望远镜;2—转轴;3—刻度盘罩;4—锁钮;5—底座;6—反射镜;

7—加液槽;8—辅助棱镜(开启状态);9—铰链;10—测量棱镜;11—温度计;

12—恒温水入口;13—消色散手柄;14—测量望远镜

(3)使用方法

① 安装。将阿贝折射仪放在光亮处,但避免置于直曝的日光中,用超级恒温槽将恒温水通入棱镜夹套内,其温度以折射仪器上温度计读数为准。

② 加样。松开锁钮,开启辅助棱镜,使其磨砂斜面处于水平位置,滴几滴丙酮于镜面,可用镜头纸轻轻擦干。滴几滴试样于镜面上(滴管切勿触及镜面),合上棱镜,旋紧锁钮。若液样易挥发,可由加液小槽直接加入。

③ 对光。转动镜筒使之垂直,调节反射镜使入射光进入棱镜,同时调节目镜的焦距,使目镜中十字线清晰明亮。

④ 读数。调节读数螺旋,使目镜中呈半明半暗状态。调节消色散棱镜至目镜中彩色光带消失,再调节读数螺旋,使明暗界面恰好落在十字线的交叉处。若此时呈现微色散,

继读调节消色散棱镜，直到色散现象消失为止。这时可从读数望远镜中的标尺上读出折射率 n_D。为减少误差，每个样品需重复测量三次，三次读数的误差应不超过 0.002，再取其平均值。

（4）注意事项

① 使用时必须注意保护棱镜，切勿用其他纸擦拭棱镜，擦拭时注意指甲不要碰到镜面，滴加液体时，滴管切勿触及镜面。保持仪器清洁，严禁油手或汗触及光学零件。

② 使用完毕后要把仪器全部擦拭干净（小心爱护），流尽金属套中恒温水，拆下温度计，并将仪器放入箱内，箱内放有干燥剂硅胶。

③ 不能用阿贝折射仪测量酸性、碱性物质和氟化物的折射率。若样品的折射率不在 1.3～1.7 范围内，也不能用阿贝折射仪测定。

4.2 旋光度的测量

1. 旋光度与浓度的关系

许多物质具有旋光性。所谓旋光性就是指某一物质在一束平面偏振光通过时，能使其偏振方向转一个角度的性质。旋光物质的旋光度，除了取决于旋光物质的本性外，还与测定温度、光经过物质的厚度、光源的波长等因素有关。若被测物质是溶液，当光源波长、温度、液层厚度恒定时，其旋光度与溶液的浓度成正比。

（1）测定旋光物质的浓度

配制一系列已知浓度的样品，分别测出其旋光度，作浓度-旋光度曲线，然后测出未知样品的旋光度，从曲线上查出该样品的浓度。

（2）根据物质的比旋光度，测出物质的浓度

旋光度可以因实验条件的不同而有很大的差异，因此又提出了"比旋光度"的概念。其定义式为

$$[\alpha]_\lambda^T = \frac{\alpha}{lc} \tag{4-1}$$

式中：$[\alpha]_\lambda^T$ 为物质的比旋光度；上标 T 表示实验时溶液的温度；下标 λ 是指所用光源的波长，一般用钠光的 D 线，其波长为 589nm；α 为测得的旋光度，单位为°；l 为样品管长度，单位为 m；c 为浓度，单位为 kg·m^{-3}。

比旋光度 $[\alpha]_\lambda^T$ 是度量旋光物质旋光能力的一个常数，可由手册查出，这样测出未知浓度的样品的旋光度，代入上式可计算出浓度 c。

2. 旋光仪的结构原理

测定旋光度的仪器叫旋光仪，其光学系统见图 4-3。

旋光仪主要由起偏器和检偏器两部分构成。起偏器是由尼科尔棱镜构成，固定在仪器的前端，用来产生偏振光。检偏器也是由一块尼科尔棱镜组成，由偏振片固定在两保护玻璃之间，并随刻度盘同轴转动，用来测量偏振面的转动角度。

旋光仪就是利用检偏镜来测定旋光度的。如调节检偏镜，使其透光的轴向角度与起

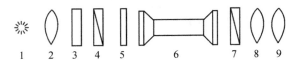

图 4-3　旋光仪的光学系统图

1—钠光灯；2—透镜；3—滤光片；4—起偏镜；5—石英片；

6—样品管；7—检偏镜；8，9—望远镜

偏镜的透光的轴向角度互相垂直，则在检偏镜前观察到的视场呈黑暗状态，再在起偏镜与检偏镜之间放入一个盛满旋光物质的样品管，则由于物质的旋光作用，使原来由起偏镜出来的偏振光转过了一个角度 α，这样视物不呈黑暗状态，必须将检偏镜也相应地转过一个 α 角度，视野才能又恢复黑暗。检偏镜由第一次黑暗到第二次黑暗的角度差，即为被测物质的旋光度。

如果没有比较，要判断视场的黑暗程度是困难的，为此设计了三分视野法，以提高测量准确度。即在起偏镜后中部装一狭长的石英片，其宽度约为视野的 1/3，因为石英也具有旋光性，故在目镜中出现三分视野，如图 4-4 所示。当三分视野消失时，即可测得被测物质旋光度。

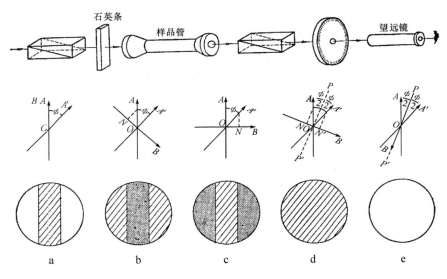

图 4-4　旋光仪三分视野图

3. WZZ—2S 数字式旋光仪的使用方法

① 接通电源，打开电源开关，等待 5min 使钠光灯发光稳定。打开光源开关，此时钠灯在直流供电下点燃。

② 按下"测量"键，这时液晶屏应有数字显示。注意：开机后"测量"键只需按一次，如果误按该键，则仪器停止测量，液晶屏无显示。用户可再次按"测量"键，液晶重新显示，此时需重新校零。若液晶屏已有数字显示，则不需按"测量"键。

③ 清零。在已准备好的样品管中装满蒸馏水或待测试样的溶剂（无气泡），放入仪器

试样室的试样槽中,按下"清零"键,使显示为零。一般情况下本仪器在不放试管时示数为零,放入无旋光度溶剂(如蒸馏水)测数也为零,但需注意倘若在测试光束的通路上有小气泡或试管的护片上有油污、不洁物,或将试管护片旋得过紧而引起附加旋光数,则将会影响空白测数。在有空白测数存在时必须仔细检查上述因素或者用装有溶剂(纯水)的试管放入试样槽后再清零。

④ 测定旋光度。先用少量被测试样冲洗样品管 3～5 次,然后在样品管中装入试样,放入试样槽中,液晶屏显示所测的旋光度值,此时指示灯"1"点亮。按"复测"键一次,指示灯"2"点亮,表示仪器显示第二次测量结果。再次按"复测"键,指示灯"3"点亮,表示仪器显示第三次测量结果。按"shift/123"键,可切换显示各次测量的旋光度值。按"平均"键,显示平均值,指示灯"AV"点亮。此时记录下该平均值即为被测样品的旋光度值。

4.3 吸光度的测量

物质的分光光度法是利用光电效应,测量透过光的强度,以测定物质含量的方法,物质吸光度的测量是用分光光度计来完成的。分光光度计在近紫外和可见光谱区域内对样品物质的定性和定量的分析,是物理化学实验室常用的分析仪器之一。该仪器应安放在干燥的房间内,使用温度为 5～35℃。使用时放置在坚固平稳的工作台上,而且避免强烈、持续的震动。室内照明不宜太强,且避免日光直射。电风扇不宜直接吹向仪器,以免影响仪器的正常使用。尽量远离高强度的磁场、电场及发生高频波的电器设备。供给仪器的电源为 220V ± 10%,49.5～50.0Hz,并需装有良好的接地线。宜使用 100W 以上的稳压器,以加强仪器的抗干扰性能。避免在有硫化氢等腐蚀性气体的场所使用。

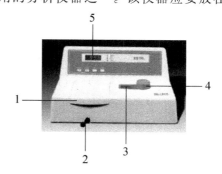

图 4-5 722 型分光光度计的外观结构
1—样品室;2—样品架立手;3—波长显示;
4—波长调节;5—数据显示窗口器

图 4-5 为 722 型分光光度计的外观结构。下面介绍 722 型分光光度计的原理、结构、使用与维护。

1.仪器的工作原理

分光光度计的基本原理是溶液中的物质在光的照射激发下,产生了对光吸收的效应,物质对光的吸收是具有选择性的,各种不同的物质都具有其各自的吸收光谱,因此当某单色光通过溶液时,其能量就会被吸收而减弱,光能量减弱的程度和物质的浓度呈一定的比例关系,符合朗伯-比尔定律:

$$T=\frac{I}{I_0} \qquad A=\lg\frac{I_0}{I}=Kcl$$

式中:T 为透射比;I_0 为入射光强度;I 为透射光强度;A 为吸光度;K 为摩尔吸光系数;l 为溶液的光径长度;c 为溶液的浓度。

从以上的公式可以看出,当入射光、吸收系数和溶液的光径长度不变时,透射光是根据溶液浓度的变化而变化的,分光光度计就是根据上述物理光学现象而设计的。

2.仪器的光学系统

722型分光光度计采用光栅自准式色散系统和单光束结构光路(图4-6)。钨灯发出的连续辐射经滤色片选择聚光镜聚光后投向单色器进狭缝,此狭缝正好处于聚光镜及单色器内准直镜的焦平面上,因此进入单色器的复合光通过平面反射镜反射及准直镜准直变成平行光射向色散元件光栅,光栅将入射的复合光通过衍射作用形成按照一定顺序均匀排列的连续单色光谱,此单色光谱重新回到准直镜上,由于仪器的出狭缝设置在准直镜的焦平面上,这样,从光栅色散出来的光谱经准直镜后利用聚光原理成像在出狭缝上,出狭缝选出指定带宽的单色光通过聚光镜落在试样室被测样品中心,样品吸收后,透射的光经光门射向光电管阴极面。

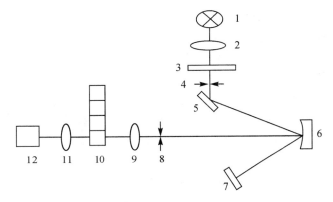

图4-6　722型分光光度计光学原理

1—钨卤素灯;2—聚光镜;3—滤色片;4—进狭缝;5—反射镜;6—准直镜;
7—光栅;8—出狭缝;9—聚光镜;10—比色皿架;11—聚光镜;12—光电池

3.仪器的结构

722型分光光度计由光源室、单色器、样品室、光电管暗盒、电子系统及数字显示器等部件组成。

(1)光源室部件

氢灯灯架、钨灯灯架、聚光镜架、截止滤光片组架及氢灯接线架等通过两个螺丝固定在光源室部件底座上。氢灯及钨灯灯架上装有氢灯与钨灯,分别作为紫外和可见区域的能量辐射源。氢灯、钨灯的装卸和更换请参阅以下光源灯的更换章节。聚光镜安装在聚光镜架上,通过镜架边缘两个定位螺丝及后背部的拉紧弹簧、角度校正顶针使其定值。若需要改变聚焦光斑在单色器入射狭缝上、下的位置,可通过角度校正顶针进行调整。聚光镜下有一定位销,旋转镜架可改变光斑在单色器入射狭缝左、右的位置。为了消除光栅光谱中存在着级次之间的光谱重叠问题,在光源室内安置了截止滤光片组。截止滤光片组通过柱头螺丝固定在一联动轴上,改变滤光片组的前后位置可改变紫外能量辐射传输在聚光镜上的方位。轴的另一端装有一齿轮,用以齿合单色器部件波长传动机构大滑轮上的齿轮,使截止滤光片组的选择与波长值同步。

(2)单色器部件

单色器是仪器的心脏部分,放置在光源与试样室之间,用三个螺丝固定在光源室部件上。单色器部件内装有狭缝部件、反光镜组件、准直镜部件、光栅部件与波长线性传动机构等。

狭缝部件:仪器入射、出射狭缝均采用宽度为 0.9mm 的等宽度双刀片狭缝,通过狭缝固定螺丝固定在狭缝部件架上,狭缝部件是用两个螺丝安装在单色器架上。安装狭缝时注意狭缝双刀片斜面必须向着光线传播方向,否则会增加仪器的杂散光。

反光镜组件:反光镜组件安装在入射狭缝部件架上,反光镜采用一块方形小反光镜,通过组件架上的调节螺丝可改变入射光的反射角度,使光斑打在准直镜上。

准直镜部件:准直镜是一块凹形玻璃球面镜,装在镜座上,后部装有三套精密的细牙调节螺丝。它用来调整出射光聚焦于出射狭缝,以及出射于狭缝时光的波长与波长盘上所指示波长相对应。

光栅部件与波长传动机构:光栅在单色器中主要起色散作用,由于光栅的色散是线性的,因此光栅可采用线性的传动机构。722 型仪器采用扇形齿轮与波长转动轴上的齿轮相吻合,达到波长刻度盘带动光栅转动,改变仪器出射狭缝的波长值。另外在单色器由转盘大、小滑轮及尼龙绳组成了一套波长联动机构,大滑轮上的齿轮与截止滤光片转轴上的齿轮啮合,使波长值与截止滤光片组同步。光栅安装在光栅底座上,通过光栅架后的三个螺丝可改变光栅的色散角度。

(3)样品室部件

样品室部件由比色皿座架部件及光门部件等组成。

比色皿座架部件:整个比色皿座连滑动座架通过底部三个定位螺丝全部装在样品室内。滑动座架下装有弹性定位装置,拉动拉杆能正确地使滑动座架带动四档比色皿正确处于光路的中心位置。

光门部件:在样品室的右侧通过三个定位螺丝装有一套光门部件,其顶杆露出盒右小孔,光门挡板依靠其本身重量及弹簧作用向下垂落至定位螺母,遮住透光孔,光束被阻挡而不能进入光电管阴极面,光路遮断,仪器可以进行调零。当关上样品室盖时,顶杆便向下压紧,此时顶住光门挡板下端。在杠杆作用下,使光门挡板上抬,打开光门,可调整至"100%"T 后进行测量工作。

光电管暗盒部件:整个光电管暗盒部件通过四个螺丝固定在仪器底座上。部件内装有光电管、干燥剂筒及微电流放大器电路板。光电管采用插入式 G1030 型端窗式光电管,其管脚共有 14 个,其中 4、8 两脚为光电阴极,1、6、10、12 四脚为阳极。

4.仪器的安装使用

① 使用仪器前,使用者应该首先了解本仪器的结构和工作原理,以及各个操作旋钮之功能。在未接通电源前,应该对仪器的安全性进行检查,电源线接线应牢固,接地要良好,各个调节旋钮的起始位置应该正确,然后再接通电源开关。仪器在使用前先检查一

下,放大器暗盒的硅胶干燥筒,如受潮变色,应更换干燥的蓝色硅胶,或者倒出原硅胶烘干后再用。因运输和搬运等原因,会影响仪器的波长及吸光度的精度,请根据仪器调校步骤进行调整,然后投入使用。

② 接通电源,仪器预热 20min。

③ 用"功能"键设置测试方式:透射比(T)、吸光度(A)、已知标准样品浓度值(c)和已知标准样品斜率(F)方式,可根据需要选择测试模式。

④ 用波长选择旋钮设置所需的分析波长。

⑤ 调仪器 0%。将 0%T 校具(黑体)置入光路中,盖上样品室盖,按"功能"键,将测试模式转换在 T 方式下,按"0%T"键,此时显示器应显示"000.0"T,然后取出黑体。

⑥ 将参比样品溶液和被测样品溶液分别倒入比色皿中,打开样品室盖(光门自动关闭),将盛有溶液的比色皿分别插入比色皿槽中,再盖上样品室盖。

⑦ 将参比样品推(拉)入光路中,盖上样品室盖,按"0ABS/100%T"键,此时显示器显示"BLA",直至显示"100.0%"T 或"0.000"A 为止。

⑧ 将被测样品推(拉)入光路中,盖上样品室盖,选择测试模式转换在 A 方式下,这时从显示器上直接得到被测样品的吸光度值。

⑨ 如果大幅度改变测试波长,在调整"100.0%"T 或"0.000"A 后稍等片刻(因光能量变化急剧,光电管受光后响应缓慢,需一段光响应平衡时间),当稳定后,重新调整"100.0%"T 或"0.000"A 即可工作。

5.仪器的维护

① 为确保仪器稳定工作在电压波动较小的地方,220V 电源应预先稳压,宜备 220V 稳压器(磁饱和式或电子稳压式)一只。

② 当仪器工作不正常时,如数字表无亮光,光源灯不亮,开关指示灯无信号,应检查仪器后盖保险丝是否损坏,然后查电源线是否接通,再查电路。

③ 仪器要接地良好。

④ 仪器左侧下角有一只干燥筒,应保持其干燥性,发现变色后立即更新或加以烘干再用。

⑤另外有二包硅胶放在样品室内,当仪器停止使用后,也应该定期更新烘干。

⑥ 当仪器停止工作时,切断电源,电源开关同时切断。

⑦ 为了避免仪器积灰和沾污,在停止工作时间内,用塑料套子罩住整个仪器,在套子内应放数袋防潮硅胶,以免光源室受潮、反射镜镜面发霉点或沾污,影响仪器能量。

⑧ 仪器工作数月或搬动后,要检查波长的精度和吸光度的精度等,以确保仪器的正常使用和测定精度。

6.仪器的调校和故障修理

仪器使用较长时间后,与同类型的其他仪器一样,可能发生一些故障,或者是仪器的性能指标有所变化,需要进行调校或修理,现做简单介绍,以供使用维护者参考。

(1)仪器的调整

① 钨灯的更换和调整：光源灯是易损件，当损件更换或仪器搬运后均可能偏离正常位置，为了使仪器有足够的灵敏度，如何正确地调整光源灯的位置则显得更为重要。用户在更换光源灯时应戴上手套，以防沾污灯壳而影响发光能量。722仪器的光源灯采用12V/20W插入式钨卤素灯，更换钨灯时应先切断电源，然后用附件中的扳手旋松钨灯架上的两个紧固螺丝，取出损坏的钨灯，换上钨灯后，将波长选择在500nm左右，开启仪器电源，移动钨灯上、下、左、右位置，直到成像在进狭缝上。在T状态，不调节"100％"键，（盖上样品室盖）观察显示读数，调整灯使显示读数为最高即可。最后将两个紧固螺丝旋紧。注意：当钨灯点亮时，千万不能短路，否则会损坏钨灯稳压电源电路元件。

② 波长精度检验与校正：采用镨钕滤光片529nm及808nm两个特征吸收峰，通过逐点测试法来进行波长检定与校正。本仪器的分光系统采用光栅作为色散元件，其色散是线性的，因此波长分度的刻度也是线性的。当通过逐点测试法记录下的刻度波长与镨钕滤光片特征吸收波长值不一致并超出仪器技术指标规定的误差范围时，可打开仪器外壳，松开波长刻度盘上的固定螺丝，转动刻度盘，使刻度指示与特征吸收峰的波长值之间的误差在允许范围内（≤±2nm），旋紧固定螺丝即可。

③ 吸光度精度的调整：将测试模式置于T方式下，调节透过率"0％"和"100％"后，再将测试模式置于A方式下，按"0ABS/100％T"键，此时显示器显示"BLA"，直至显示"0.000"A为止。将0.5A左右的滤光片（仪器附）置于光路，测得其吸光度值。将测试模式置于T方式下，测得其透过率值，根据$A=\lg(1/T)$计算出其吸光度值。如果实测值与计算值有误差，则可调节"吸光度斜率电位器"，将实测值调整至计算值，两者允许误差为±0.004A。

(2)故障分析

① 初步检查：仪器一旦出现故障，首先应切断主机电源，然后按下列步骤逐步检查。(a)接通仪器电源，观察钨灯是否亮。(b)波长盘读数指示是否在仪器允许波长范围内。(c)T、A、C开关是否选择在相应的状态。(d)在仪器技术指标规定的波长范围内，是否能调"100％"T或"0.000"A。

② 初步判断：仪器的机械系统、光学系统及电子系统为一整体，工作过程中互有牵制，为了缩小范围，及早发现故障所在，按下列试验可以基本区分故障性质。

光学系统试验：(a)灯电源开关按下，点亮钨灯。(b)仪器波长刻度选择在580nm，打开试样室盖以白纸插入光路聚焦位置，应见到一较亮、完整的长方形光斑。(c)手调波长向长波，白纸上应见到光斑由紫逐渐变红；手调波长向短波，白纸上应见到光斑由红逐渐变紫。(d)波长为330～800nm，按"0ABS/100％T"键，观察数字表读数显示能达到"100％"T或"0.000"A值。上述试验成功，光学系统原则上正常。

机械系统试验：(a)手调波长钮330～800nm往返手感平滑，无明显被卡住的感觉。(b)检查各按钮、旋钮、开关及比色皿选择拉杆是否灵活。上述试验成功，机械系统原则上正常。

电子系统试验：(a)按下灯电源按钮，应点亮钨灯；(b)选择波长580nm，按"功能"键，将测试模式转换在 T 方式下,关上样品室盖,按"0ABS/100％T"键观察数字显示读数应达到"100％"T 左右。(c)在 T 方式下,将光路对准样品室空白,当完成仪器调零及调 100％T 后选择 A 方式,观察数字显示读数应为"0.000"A 左右。上述试验成功,电子系统原则上正常。

(陈丹编)

第 5 章　化学热力学

实验 1　恒温槽的装配和性能测试

一、实验目的

1. 了解恒温槽的构造及恒温原理,初步掌握其装配和调试的基本技术。
2. 能绘制恒温槽灵敏度曲线。
3. 掌握电接点温度计、电子继电器的基本测量原理和使用方法。

二、实验原理

物质的物理化学性质,如黏度、密度、蒸气压、表面张力、折射率等都随温度改变而改变,所以,要测定这些性质,必须在恒温条件下进行。一些物理化学常数,如平衡常数、化学反应速率常数等也与温度有关,这些常数的测定也需恒温。因此,掌握恒温技术是非常重要的。

恒温控制可分为两类:一类是利用物质的相变点温度来获得恒温,但温度的选择受到很大限制;另一类是利用电子调节系统进行温度控制,此方法控温范围宽,可以任意调节设定温度。

恒温槽是实验工作中常用的一种以液体为介质的恒温装置。根据温度控制范围,可用以下液体介质:—60～30℃(用乙醇或乙醇水溶液);0～90℃(用水);80～160℃(用甘油或甘油水溶液);70～300℃(用液状石蜡、汽缸润滑油、硅油)。

恒温槽通常由下列构件组成(图 5-1):

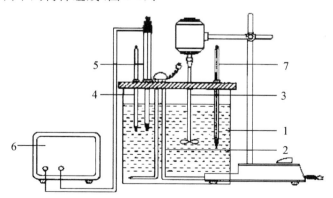

图 5-1　恒温槽装置示意图

1—槽体;2—加热器;3—搅拌器;4—温度计;5—电接点温度计;6—继电器;7—贝克曼温度计

　　槽体:如果控制的温度同室温相差不是太大,用敞口大玻璃缸作为槽体是比较合适的。对于较高和较低温度,则应考虑保温问题。具有循环泵的超级恒温槽,有时仅作供给恒温液体之用,而实验则在另一工作槽中进行。

　　加热器及冷却器:如果要求恒温的温度高于室温,则需不断向槽中供给热量以补偿其向四周散失的热量;如恒温的温度低于室温,则需不断地从恒温槽里取走热量,以抵偿环境向槽中的传热。在前一种情况下,通常采用电加热器间歇加热来实现恒温控制。对电加热器的要求是热容量小、导热性好、功率适当。加热器的功率最好能使加热和停止的时间约各占一半。

　　温度调节器:温度调节器的作用是当恒温槽的温度被加热或冷却到指定值时发出信号,命令执行机构停止加热或冷却;离开指定温度时则发出信号,命令执行机构继续工作。

　　目前普遍使用的温度调节器是电接点温度计(图 5-2)。电接点温度计是一支可以导电的特殊温度计,又称为接触温度计。它有两个电极:一个是可调电极金属丝 4,由上部伸入毛细管内。顶端有一磁铁,可以旋转螺旋丝杆,用以调节金属丝的高低位置,从而调节设定温度。另一个电极是与底部的水银球相连的接触丝 5;4、5 连出的两根导线接到继电器上。当温度升高时,毛细管中水银柱上升至与 4 接触,两电极导通,温度控制器接通,使继电器线圈中电流断开,加热器停止加热;当温度降低时,水银柱与金属丝断开,继电器线圈通过电流,使加热器线路接通,温度又回升。如此不断反复,使恒温槽温度在一个微小的温度区间内波动,从而达到恒温的目的。在水银接触温度计接触丝 4 的上半段有一块小金属标铁 6,它可和 4 同时升降,其背后有一温度刻度表,由 6 的上沿位置可读出所需控制的大概温度值。温度恒定后,将 2 的螺丝固定,以免由于震动而影响温度的控制。

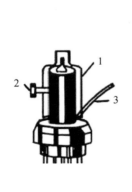

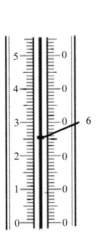
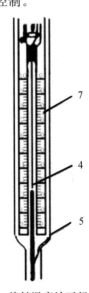

a.接触温度计上部　　　b.接触温度计上部刻度　　　c.接触温度计下部
　　　　　　　　　　（此时调节的温度约为26℃）

图 5-2　水银接触温度计构造图

1—磁性螺旋调节帽;2—锁定螺丝;3—接触金属丝引出线;4—可调金属丝触点;

5—金属丝;6—调节温度指示(以上沿所对刻度为准);7—温度标尺

温度控制器：温度控制器常由继电器和控制电路组成，故又称电子继电器。从电接点温度计传来的信号，经控制电路放大后，推动继电器去开关电热器。

搅拌器：加强液体介质的搅拌与流动，对保证恒温槽内各处温度均匀起着非常重要的作用。

设计一个优良的恒温槽(图5-3)应满足的基本条件有：①温度控制器灵敏度高；②搅拌强烈而均匀；③加热器导热良好而且功率适当；④搅拌器、温度控制器和加热器相互接近，使被加热的液体能立即搅拌均匀并流经温度计，以便及时进行温度控制。

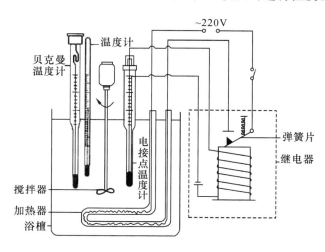

图5-3　恒温槽装置电路示意图

恒温槽的温度控制装置属于"通"、"断"类型，当加热器接通后，恒温介质温度上升，热量的传递使水银温度计中的水银柱上升。但热量的传递需要时间，因此常出现温度传递的滞后，往往使加热器附近介质的温度超过设定温度，令恒温槽的温度超过设定温度。同理，降温时也会出现滞后现象。由此可知，恒温槽控制的温度有一个波动范围，并不是某一固定不变的温度。控温效果可以用灵敏度 ΔT 表示：

$$\Delta T = \pm(T_1 - T_2)/2$$

式中：T_1 为恒温过程中水浴的最高温度；T_2 为恒温过程中水浴的最低温度。由图5-4可以看出：曲线 A 表示恒温槽灵敏度较高；B 表示恒温槽灵敏度较差；C 表示加热器功率太小或散热太快；D 表示散热太快。影响恒温槽灵敏度的因素很多，大致有以下几个方面：

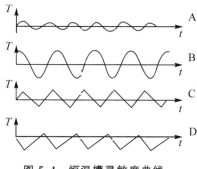

①恒温介质流动性好，传热性能好，控温灵敏度就高；

②加热器功率要适宜，热容量要小，控温灵敏度就高；

图5-4　恒温槽灵敏度曲线

③搅拌器搅拌速度要足够大，才能保证恒温槽内温度均匀；

④继电器电磁吸引电键，后者发生机械作用的时间愈短，断电时线圈中的铁芯剩磁愈

小,控温灵敏度就高;

　　⑤电接点温度计热容小,对温度的变化敏感,则灵敏度高;

　　⑥环境温度与设定温度的差值越小,控温效果越好。

三、预习要求

　　1.了解有关恒温槽的构造、恒温原理及使用等知识。

　　2.了解恒温槽灵敏度的测定方法和灵敏度曲线的绘制方法。

　　3.了解电接点温度计及继电器的原理和使用方法。

四、仪器与试剂

　　仪器:大玻璃缸 1 个;电子继电器 1 台;搅拌器 1 台;水银接触温度计 1 只;温差测量仪 1 台;调压变压器 1 台;温度计(0～50℃)1 只;秒表 1 只。

五、实验内容

　　1.根据所给元件和仪器,按照图 5-1 所示的恒温槽装置,自己组装恒温槽,并接好线路。经教师检查完毕,方可接通电源。

　　2.槽体中放入约 4/5 容积的蒸馏水。

　　3.调节恒温水浴至设定温度。假定室温为 20℃,欲设定实验温度为 25℃,其调节方法如下:先旋开水银接触温度计上端螺旋调节帽的锁定螺丝,再旋动磁性螺旋调节帽,使温度指示螺母位于大约低于欲设定实验温度(25℃)2～3℃处(如 23℃),开启加热器开关加热;如水温与设定温度相差较大,可先用大功率加热(加热电压为 160～220V),当水温接近设定温度时,改用小功率加热(加热电压为 20～50V)。注视温度计的读数,当达到 23℃左右时,再次旋动磁性螺旋调节帽,使触点与水银柱处于刚刚接通与断开状态(恒温指示灯时明时灭)。此时要缓慢加热,直到温度达 25℃为止,然后旋紧锁定螺丝。

　　4.恒温槽灵敏度的测定。本实验用数字温差测量仪代替贝克曼温度计来测量温度的变化情况(ΔT)。注意调节加热电压,使每次的加热时间与停止加热的时间近乎相等。待恒温槽在设定的温度下恒温 15min 后,每隔 0.5min(秒表计时),从温差测量仪上读数并记录,记录时间一共为 30min。

　　5.实验结束,先关掉温控仪、搅拌器的电源开关,再拔下电源插头,拆下各部件之间的接线。

　　【注意事项】

　　1.为使恒温槽温度恒定,接触温度计调至某一位置时,应将调节帽上的锁定螺丝拧紧,以免其因振动而发生偏移。

　　2.电加热功率大小的选择是本实验的关键之一。当恒温槽的温度和所要求的温度相差较大时,可以适当加大加热功率;但当温度接近指定温度时,应将加热功率降到合适的功率。最佳状态是每次加热时间和停止加热时间近乎相等。

　　3.注意检查接线情况,防止短路。

　　【思考题】

　　1.恒温槽的恒温原理是什么?

　　2.为什么在开动恒温装置前,要将水银接触温度计的标铁上端面所指的温度调节到低于所需温度处?如果高了会产生什么后果?

3.欲提高恒温装置的灵敏度,可从哪些方面进行改进?

4.如果所需要恒定的温度低于室温,如何组装恒温装置?

六、数据记录与处理

1.列表记录实验数据。

表 5-1 恒温槽灵敏度测量数据

室温:_____;大气压:_____

恒温槽灵敏度测量(25℃)		恒温槽灵敏度测量(35℃)	
t(时间)	T(温度)	t(时间)	T(温度)

2.以时间 t 为横坐标、温度 T(温差测量仪读数)为纵坐标,绘出 25℃时恒温槽的灵敏度曲线。

3.从灵敏度曲线上,找出最高温度 $T_高$、最低温度 $T_低$,用公式 $\frac{1}{2}(T_高 - T_低)$ 求出恒温槽在 25℃和 35℃时的灵敏度,并根据灵敏度曲线对该恒温槽的恒温效果作出评价。

参考文献

1.复旦大学等编,庄继华等修订.物理化学实验(第3版).北京:高等教育出版社,2004

2.张春晔、赵谦编著.物理化学实验(第2版).南京:南京大学出版社,2006

(钟爱国编)

实验 2 燃烧热的测定

一、实验目的

1.学会用氧弹量热计测定萘的燃烧热。

2.了解用雷诺法校正温差的方法。

3.掌握用氧弹量热计测定燃烧热的实验技术。

二、实验原理

燃烧热的定义是:1mol 物质完全燃烧时的热效应。萘完全燃烧的方程式为

$$C_{10}H_8(s) + 12O_2(g) = 10CO_2(g) + 4H_2O(l) \qquad (5-1)$$

恒压条件下的热效应为 Q_p,恒容条件下的热效应为 Q_V,将反应前后的各气体物质视为理想气体,并忽略凝聚相的体积,则两者之间的关系是

$$Q_p = Q_V + RT\sum\nu_g \qquad (5-2)$$

或
$$\Delta_c H_m = \Delta_c U_m + RT\sum \nu_g \qquad\qquad (5-3)$$

式中：ν_g 为反应式中气体物质的化学计量系数；R 为摩尔气体常数；T 为夹套中水的绝对温度。本实验通过测定萘完全燃烧时的恒容燃烧热 $\Delta_c U_m$，然后再计算出萘的恒压燃烧热 $\Delta_c H_m$。因

$$-\Delta_c U_m m/M + 4.0l = C_{总} \Delta T \qquad\qquad (5-4)$$

式中：m 为被测物的质量；M 为被测物的摩尔质量；4.0 为镍丝的燃烧系数，单位为 $J \cdot cm^{-1}$；l 为燃烧镍丝长度；$C_{总}$ 为量热系统(包括内水桶、氧弹、测温器件、搅拌器和水)的总热容量(量热系统每升高 1K 所需的热量)，其值由已知苯甲酸的燃烧热值($\Delta_c H_{m,苯甲酸} = -3226.7 kJ \cdot mol^{-1}$，298K)确定。求出量热系统的总热容量 $C_{总}$ 后，再用相同方法对其他物质进行测定，测出温升 ΔT，代入上式，即可求得其燃烧热。

苯甲酸完全燃烧的方程式为

$$C_6H_5COOH(s) + \frac{15}{2}O_2(g) = 7CO_2(g) + 3H_2O(l) \qquad\qquad (5-5)$$

由于氧热量计不是严格的绝热系统，热量计与周围环境的热交换无法完全避免，因而从温度计上读的温差就不是真实的温差 ΔT，需对测量温差进行校正，常用雷诺(Renolds)作图法校正温度变化值。具体方法为：称取适量待测物质，估计其燃烧后可使水温上升 1.5～2.0℃。预先调节水温低于室温 1.00℃ 左右。按实验内容进行测定，将燃烧前、后观察所得的一系列水温和时间关系作图，得一曲线如图 5-5a 所示。图中，H 点相当于燃烧开始时出现的升温点，温度为 T_1，热传入介质；D 点为读数中的最高温度点，在 $T = (T_1 + T_2)/2$ 处作平行于横轴的直线交曲线于 I 点，过 I 点作垂直于横轴的直线 ab，然后将 FH 线和 GD 线外延长，交 ab 线于 A 和 C 两点。A 点与 F 点的温差，即为校正后的温度升高值 ΔT。图中 AA' 为开始燃烧到温度上升至室温这一段时间 Δt_1 内，由环境辐射和搅拌引进的能量所造成的升温，故应予扣除。CC' 为由室温升高到最高点 D 这一段时间 Δt_2 内，热量计向环境的热漏造成的温度降低，计算时必须考虑在内。故可认为，AC 两点的差值较客观地反映了样品燃烧引起的升温数值，即为苯甲酸燃烧所引起的温度升高值。用同样的处理方法求萘燃烧的 ΔT，苯甲酸实验数据代入式(5-4)，即可求得 $C_{总}$。

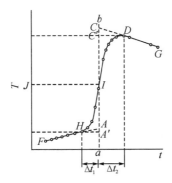

a. 绝热较差的系统

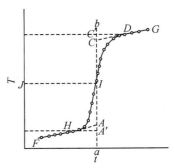

b. 绝热较好的系统

图 5-5　温度校正图

在某些情况下,有时量热计绝热情况良好,而搅拌器功率较大,不断引进的能量使得曲线不出现极高温度点,如图 5-5a 所示,这时仍可按相同原理校正。

三、预习要求

1. 了解绝热式量热计的原理、构造及使用方法。
2. 了解有关高压钢瓶的知识及使用方法。
3. 熟悉热力学第一定律、燃烧热、摩尔燃烧热等实验相关的理论知识。
4. 了解雷诺校正图的含义及相关计算。

四、仪器与试剂

仪器:燃烧热测定装置 1 套;氧弹量热计 1 套;温差测量仪 1 台;氧气钢瓶(附氧气表) 1 个;压片机(公用);电子天平 1 台;万用表(公用);小镊子 1 把;容量瓶(1000mL)1 只;镍丝若干;尺子 1 把;水桶 1 只。

试剂:苯甲酸(分析纯);萘(分析纯)。

五、实验内容

1. 测定量热系统的总热容量 $C_总$。

(1)样品制作。

粗称大约 0.8g 苯甲酸(切勿超过 1.0g),在压片机上压成圆片(在示有苯甲酸的压片机上压制,不能用萘的压片机)。不要过于用力,也不要太松。样片压得太紧,点火时不易全部燃烧;压得太松,样品容易脱落。将样品在干净的滤纸上轻击两三次,再精称,记录质量。

(2)装样并充氧气。

拧开氧弹盖,将氧弹内壁擦干净,特别是电极下端的不锈钢丝更应擦干净。取洁净的燃烧皿,底部平放 1 个陶瓷套管,小心将样品片放置在陶瓷套管上,然后放在氧弹下端的金属托架上。取一引燃用镍丝,用直尺量取其长度,并记录。按图 5-6 所示将镍丝两端固定在氧弹电极上。镍丝与药片充分接触,但与燃烧皿切不可相碰,以免造成短路。用万用电表检查两极间电阻值,一般不应大于 10Ω,保证线路连接良好。

旋紧氧弹盖,然后充氧。首先顺次打开氧气钢瓶总阀门和减压阀门,充氧前先用氧气置换氧弹中的空气,即充入 0.5MPa 的氧气然后放掉。再使氧弹中充入 1.5~2.0MPa 的氧气(要 1min 左右,勿超过 2.5MPa)。关闭氧气钢瓶总阀门,放掉氧气表中的余气。再次用万用表检查两电极间的电阻。如阻值过大,表明接触不好,则应放出氧气,开盖检查并连接好后重新充气,待用。

(3)测量。

① 用温差测量仪测定夹套水温,记录其温度值。

② 先在水桶中调节自来水的温度,令其低于夹套水温 1.0℃ 左右,再用 1L 大容量瓶准确量取已被

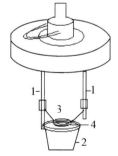

图 5-6 氧弹内部示意图
1—电极;2—燃烧皿;3—镍丝;4—药片

调好水温的自来水 3L 于内盛水桶中。将充好气的氧弹垂直、缓慢地放入水桶中央,放稳(水面盖过氧弹端面,如内有气泡逸出,则表明氧弹漏气,需要查找漏气原因并排除)。

③ 点火电极插头插在氧弹的两电极上,盖上盖子,将温差测量仪探头从夹套中取出,插入内盛水桶中,在面板上按下搅拌按钮,开始搅拌。

④ 搅拌几分钟,待温度基本稳定后,开始读点火前最初阶段的温度,每间隔 20s 读取一次,共读取 10 次。自开始读取温度到点火,称为前期。读数完毕,立即按电钮点火,指示灯熄灭表示已点着火。点火成功后,系统温度迅速上升,进入反应期。在反应期,继续每隔 20s 读取一次温度。当温度变化缓慢,进入了末期,再记录 10 次末期温度变化,目的是为了观察在末期温度下,量热系统与环境的热交换情况。如果点火后 2min 内温度变化很小,也不见温度迅速上升,说明样品未燃烧,点火失败,则应重新操作。

⑤ 小心取出温差测量仪探头,插入夹套水中,再打开桶盖,拔去电极插头,取出氧弹,放出余气,然后旋开氧弹盖,检查样品燃烧是否完全。氧弹中应没有明显的燃烧残渣。若发现较多的黑色残渣(说明什么?),则应重做实验。测量燃烧剩下的镍丝长度,以计算镍丝实际燃烧长度。倒出水桶中的自来水,最后擦干氧弹和盛水桶,待用。

2. 测定萘的燃烧热 Q_V。

称取 0.5~0.6g(切勿超过 0.8g)的萘,压片(在标有萘的压片机上压制,不能用苯甲酸的压片机)。萘燃烧热 Q_V 的测定方法和实验内容与前述 $C_{总}$ 值的测定完全相同。

【注意事项】

1. 样品点燃及燃烧完全,是本实验最重要的一步。应该小心仔细地压片,装样,绑镍丝和充气。

2. 氧弹充气时要注意安全,人应站在侧面,减压阀指针不可超过 2MPa。

3. 在实验过程中测量夹套水温时(用于升温曲线的中点作垂直线用),应注意观察夹套初始温度是否和室温一致,如不一致,则应该启用恒温槽来稳定夹套水温,以减少测量误差。

4. 雷诺曲线的校正要准确。

5. 注意压片前后应将压片机擦干净。

【思考题】

1. 在本实验中,哪些是系统?哪些是环境?系统和环境间有无热交换?这些热交换对实验结果有何影响?如何校正?

2. 固体样品为什么要压成片状?萘和苯甲酸的用量是如何确定的?

3. 样品燃不着、燃不尽的原因有哪些?

4. 测量中影响实验结果的主要因素有哪些?本实验成功的关键因素是什么?

5. 使用氧气钢瓶和氧气减压阀时要注意哪些事项?

六、数据记录与处理

1.列表记录数据。

表 5-2　燃烧前后温度数据

室温:＿＿＿＿＿＿＿＿＿＿＿＿＿＿＿＿；　大气压:＿＿＿＿＿＿＿＿＿＿＿＿＿＿＿＿；

苯甲酸的质量:＿＿＿＿＿＿＿＿＿＿＿；　萘的质量:＿＿＿＿＿＿＿＿＿＿＿＿＿；

苯甲酸燃烧前点火镍丝的长度:＿＿＿＿＿；　萘燃烧前点火镍丝的长度:＿＿＿＿＿＿；

苯甲酸燃烧后点火镍丝的长度:＿＿＿＿＿；　萘燃烧后点火镍丝的长度:＿＿＿＿＿＿；

苯甲酸燃烧前夹套水温:＿＿＿＿＿＿＿＿；　萘燃烧前夹套水温:＿＿＿＿＿＿＿＿；

苯甲酸燃烧后盛水桶水温:＿＿＿＿＿＿＿；　萘燃烧后盛水桶水温＿＿＿＿＿＿＿＿；

	点火前		点火后	
	时间/s	温度差/℃	时间/s	温度差/℃
苯甲酸				
	……		……	
萘				
	……		……	

2.作萘燃烧的雷诺校正曲线图。

3.计算萘在恒容条件下完全燃烧的 $\Delta_c U_{m,T}$ 和萘的燃烧热 $\Delta_c H_{m,T}$,并与文献值相比较。

参考文献

1.金丽萍,邬时清,陈大勇编.物理化学实验(第 2 版).上海:华东理工大学出版社,1999

2.郑传明,吕桂琴编.物理化学实验.北京:北京理工大学出版社,2005

（钟爱国编）

第 5 章　化学热力学

实验 3　纯物质液体饱和蒸气压的测定

一、实验目的

1. 用动态法测定 H_2O 在不同温度下的蒸气压,并求出其平均摩尔蒸发焓。

2. 了解真空泵、气压计的构造并掌握其使用方法。

二、实验原理

在一定温度下,纯液体与其气相达平衡时蒸气的压力称为该温度下液体的饱和蒸气压。当外界压力与蒸气压相等时,液体便沸腾。因此,在各沸腾温度下的外界压力就是相应温度下液体的饱和蒸气压。外压为 101.325kPa 时的沸腾温度定义为液体的正常沸点。

液体的饱和蒸气压与温度有关。若将气体视为理想气体并略去液体的体积,且忽略温度对摩尔蒸发焓 $\Delta_{vap}H_m$ 的影响,则液体的饱和蒸气压与温度的关系可用 Clausius - Clapeyron 方程表示

$$\frac{\mathrm{d}\ln p}{\mathrm{d}T} = \frac{\Delta_{vap}H_m}{RT^2} \tag{5-6}$$

或

$$\ln p = -\frac{\Delta_{vap}H_m}{R} \cdot \frac{1}{T} + B = -\frac{A}{T} + B \tag{5-7}$$

式中:p 为液体的蒸气压;B 为常数;$\Delta_{vap}H_m$ 为温度 T 时液体的摩尔蒸发焓,在小的温度变化范围内可视为常数;R 为摩尔气体常数。通过实验测得 p、T 数据,以 $\ln p$ 对 $1/T$ 作图,可得一条直线,由该直线斜率可得液体的摩尔蒸发焓 $\Delta_{vap}H_m = AR$。

三、预习要求

1. 了解有关真空泵、压力计的工作原理和使用方法等知识,以及测定液体饱和蒸气压的方法。

2. 理解纯液体饱和蒸气压与温度的关系(Clausius-Clapeyron 方程)。

3. 了解等位仪的实验原理、作用和使用方法。

4. 了解实验温度范围内的平均摩尔蒸发焓的计算方法。

四、仪器与试剂

仪器:饱和蒸气压测定装置 1 套;三颈圆底烧瓶 1 只;球形冷凝管 1 根;电磁加热搅拌器 1 台;机械真空泵(公用);数字温度计 1 台;数字压力计 1 台。

五、实验内容

1. 熟悉仪器装置。温度计、压力计接通电源预热。

2. 系统检漏。

①打开压力罐(稳压包)中调节阀 2(图 5-7)。

②关闭压力罐中通大气阀 1。

③打开压力罐中进气阀,与真空泵连通,抽气。抽气前压力计在通大气的情况下采零(以大气压作为零点),抽至真空度约为 400mmHg 时关闭抽气阀。将真空泵通大气后关掉电源。观察系统是否漏气。若不漏气即可开始实验。

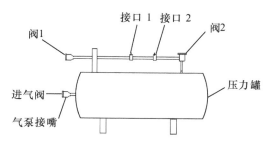

接口 1 接口 2

阀1   阀2

进气阀

气泵接嘴

压力罐

图 5-7 压力罐(稳压包)示意图

3.通冷凝水,通电加热液体。

4.测定不同外压下液体的沸点。

①在真空度约 400mmHg 下加热液体,当沸腾时,且温度计读数稳定后,同时记下温度和表压。

②改变外压(缓缓开启通大气阀 1,让空气进入系统,使表压每次减少约 40mmHg),当液体重新沸腾时,且温度计读数稳定后,同时记下温度和表压。重复以上步骤,直到与大气相通,测定大气压力下的沸点。

【注意事项】

1.抽气完毕,应先拔掉真空泵与压力罐相连的真空皮管,后关电源,否则会造成倒吸,损坏真空泵。

2.注意避免抽气时产生暴沸,以免液体进入装置。

3.调节阀不宜开得太大,否则易漏气。

4.阀门关闭时不要太用力。

【思考题】

1.Clausius‐Clapeyron 方程在什么条件下才适用?

2.在真空泵停止抽气时,若先拔掉电源插头,会有什么情况出现?

3.能否在加热情况下检查装置是否漏气?漏气对结果有何影响?

4.压力计读数为何在不漏气时也会时常跳动?

5.本实验中的主要误差来源是什么?

六、数据记录与处理

1.将测得数据及计算结果列入下表。

表 5-3 纯水在不同温度下的饱和蒸气压

室温:_____;大气压:_____

实验序号	温度/℃	气压计读数 $p_{测}$		$p = p_0 + p_{测}/Pa$	$\ln p$	$\dfrac{1}{T}/K^{-1}$
		$p_{测}/mmHg$	$p_{测}/kPa$			

注:p_0 为大气压;$p_{测}$ 为压力测量仪上的读数

2.根据实验数据作出 $\ln p$-$1/T$ 图。

3.从直线 $\ln p$-$1/T$ 上求出水在实验温度范围内的平均摩尔蒸发焓,将计算结果与文献值进行比较,讨论其误差来源。

参考文献

1.吴肇亮主编.物理化学实验.北京:中国石化出版社,1995

2.Z. Gao. *Experiments in Physical Chemistry*(英文版).北京:高等教育出版社,2005

3.王洪业.传感器技术.长沙:湖南科学技术出版社,1985

（陈浩编）

实验 4   凝固点降低法测定相对分子质量

一、实验目的

1.了解通过测定环己烷的凝固点降低值,计算萘的相对分子质量的方法。

2.掌握溶液凝固点测量技术。

3.加深对稀溶液依数性的理解。

二、实验原理

稀溶液具有依数性,凝固点下降是依数性的一种表现。当溶质和溶剂不生成固溶体,而且浓度很稀时,溶液的凝固点低于纯溶剂的凝固点,其凝固点降低值 ΔT_f 与溶质的质量摩尔浓度成正比。

$$\Delta T_f = T_f^* - T_f = K_f m_B \qquad (5-8)$$

式中:ΔT_f 凝固点降低值;T_f^* 为纯溶剂的凝固点;T_f 为溶液凝固点;m_B 为溶液中溶质的质量摩尔浓度,单位为 $mol \cdot kg^{-1}$;K_f 为凝固点降低常数,单位为 $K \cdot mol^{-1} \cdot kg$,它的数值仅与溶剂的性质有关。

若称取一定量的溶质 W_B 和溶剂 W_A,配成稀溶液,则此溶液的质量摩尔浓度为

$$m_B = \frac{W_B}{M_B W_A}$$

式中:M_B 为溶质的摩尔质量,单位为 $kg \cdot mol^{-1}$。将该式代入式(5-8),整理得

$$M_B = K_f \frac{W_B}{\Delta T_f W_A}$$

若已知某溶剂的凝固点降低常数 K_f,通过实验测定此溶液的凝固点降低值 ΔT_f,即可计算溶质分子的相对分子质量。

通常测定凝固点的方法是将溶液逐渐冷却,但冷却到凝固点,并不析出晶体,往往成为过冷溶液。对于纯液体,在一定外压下,液体逐渐冷却至开始析出固体时的平衡温度称为液体的凝固点。既然凝固点是液-固平衡时的温度,那么它便是一个确定值,在步冷曲线上可以获得一水平线段,如图 5-8(Ⅰ)所示。线段的起点表示开始产生固体,终点表示全部凝为固体。要获得这一水平线段,需要两个条件:其一,环境温度(即实验中的寒剂温

度)不能太低。液-固平衡是热平衡,即吸热与放热的平衡。吸热是环境(即寒剂)从系统吸热,放热是液体凝为固体时的放热,此放热量是有限的,如果环境温度太低,则吸热量将大于放热量,就不能获得热平衡,也就测不到一个稳定的温度。本实验为获得热平衡,采用空气套管间接冷却,使吸热过程缓慢。这是空气套管的主要作用之一。其二,需要有过冷现象产生(按照相平衡条件,液体应当凝固而未凝固,这种现象称为过冷现象)。理论上,在恒压条件下,只要两相共存,就可达到平衡温度。实际上,只有固相充分分散到液相中,也就是液-固两相的接触面相当大时,才能达到平衡。因此,当液相中产生了大片状固体时,测不到稳定的温度;只有当液相中产生大量固体小颗粒时,才能精确测定凝固点。当有过冷现象发生时,即可产生大量固体小颗粒,此时冷却曲线为如图 5-8(Ⅱ)所示的形状。

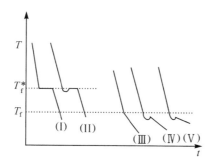

图 5-8　步冷曲线

而对于溶液,其凝固点是指从溶液中析出固态纯溶剂的温度。此凝固点不仅与外压有关,还与溶液浓度有关,因此,当有固态纯溶剂析出时,溶液浓度将发生变化,则凝固点也随之发生变化。因此,与纯液体不同,在步冷曲线上显示为一条折线,折点即是凝固点,其形状如图 5-8(Ⅲ)所示。由于部分溶剂凝固析出,使剩余溶液的浓度逐渐增大,因而剩余溶液与溶剂固相共存的平衡温度也逐渐下降。如过冷现象不严重,冷却曲线如图 5-8(Ⅳ)所示,这时对相对分子质量的测定无明显影响;若过冷严重,冷却曲线如图 5-8(Ⅴ)所示,所测得凝固点偏低,会影响相对分子质量的测定。因此,在测定过程中必须设法控制过冷程度,一般可通过控制寒剂的温度、搅拌速度等方法实现。

三、预习要求

1.理解什么叫凝固点?凝固点降低法测相对分子质量是研究哪一类相平衡体系(析出纯溶剂还是固溶体)?该方法是否适用于电解质溶液?你还知道哪些测相对分子质量的方法?

2.了解纯溶剂和溶液的步冷曲线有什么差异?为什么会出现过冷现象?过冷现象对于本实验有无利弊?

3.明确为什么使用空气夹套?搅拌在实验中起何作用?

4.了解称量纯溶剂及溶质时,精密度要求是否应相同?

5.如何设置纯溶剂与溶液凝固点的参照点?电子数显仪置零的意义何在?

四、仪器与试剂

仪器:温差测量仪1套;凝固点降低实验装置(图5-9)1套;数字温度计1台;移液管(25mL)1支。

试剂:环己烷(分析法);萘(分析法);冰。

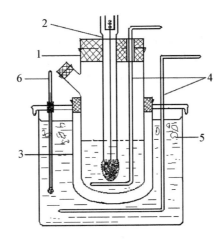

图 5-9　凝固点降低实验装置图
1—凝固点管;2—传感器;3—空气套管;4—搅拌器;5—寒剂;6—温度计

五、实验内容

1.调节寒剂的温度。

调节冰、水的量使寒剂的温度为4.0～4.5℃。实验过程中应经常观察寒剂的温度,不断补充少量碎冰,使寒剂温度基本保持不变。测量时要将盛有环己烷的凝固点管插入寒剂中,寒剂的液面应高于环己烷液面。

2.测定纯溶剂凝固点。

①取一根清洁、干燥的凝固点管,用移液管准确吸取25mL环己烷加入其中。注意不要使环己烷溅在管壁上。塞紧塞子,以避免环己烷挥发,并记下溶剂温度(室温)。

②将盛有环己烷的凝固点管直接插入寒剂中,凝固点管塞上插有测温传感器和搅拌棒的塞子,注意温度传感器和搅拌棒均需清洁和干燥。上下移动搅拌棒,使溶剂逐步冷却,当有固体析出时,将凝固点管自寒剂中取出,将管外冰水擦干,放入装置上的空气套管中,缓慢而均匀地搅拌之(约每秒一次)。观察温度读数,直至温度稳定,记下读数,即为环己烷的近似凝固点。

③取出凝固点管,用手温热之,使管中的固体完全熔化。再将凝固点管直接插入寒剂中缓慢搅拌,使溶剂较快地冷却。当溶剂温度降至高于近似凝固点约1～2℃时迅速取出凝固点管,擦干后插入空气套管中,并缓慢搅拌(每秒一次),使环己烷温度均匀地降低。当温度低于近似凝固点0.2～0.3℃时应急速搅拌,此时温度应开始回升,温度一旦回升,则改为缓慢搅拌。之后温度稳定,此即为环己烷的精确凝固点。重复测定三次,要求绝对平均误差小于±0.003℃,否则重做。

3.测定溶液凝固点。

① 取出凝固点管,用手温热使管中的环己烷熔化。小心加入已精确称量的萘 0.06g(此量约使溶液凝固点降低 0.5℃),使其溶解。注意不要使药品粘在管壁上。

② 测定凝固点的方法与前述纯溶剂凝固点的测定方法大致相同。先估算溶液凝固点的近似值,在高于估算值约 2℃时迅速取出凝固点管,擦干后插入空气套管中,并缓慢搅拌(每秒一次)。当温度低于估算值约 0.4℃时若没有发现温度回升,应急速搅拌,当温度开始回升,改为缓慢搅拌。记录温度回升的最高值,此即为溶液的近似凝固点。

③ 测定精确凝固点时,在高于近似凝固点约 1～2℃时迅速取出凝固点管;在低于近似凝固点 0.2～0.3℃(一定不要超过 0.3℃)时应及时急速搅拌。重复测定三次,要求绝对平均误差小于± 0.003℃,否则重做。

【注意事项】

1.本实验所用 JDW－3F 型精密电子温差测量仪显示温度范围是－20～80℃,不能显示低于－20℃或高于 80℃的数值。在测量凝固点的过程中,当温度显示接近－20℃(或 80℃)时,按"采零"键(以避免低于－20℃或高于 80℃)。一旦开始记录数据就不能再按"采零"键。

2.温度传感器的测温探头要处于系统中,不能与凝固点管的管壁相接触,以免受环境温度影响。

3.搅拌时,除了要注意搅拌速度外,还要注意以下几点:

① 防止搅拌棒与温度传感器或管壁相摩擦。尤其是即将读数时搅拌棒不能与测温探头相碰。

② 搅拌棒上下移动幅度要大,但不能高出液面,否则易使溶液溅于液面上的管壁,由于此处温度较低,所以溶液易凝固而成为晶种,使过冷现象不能产生。

③ 测溶液凝固点和纯溶剂凝固点时,搅拌条件要一致。

【思考题】

1.什么原因可能会造成过冷太甚?若过冷太甚,所测溶液凝固点偏低还是偏高?由此所得的萘的相对分子质量偏低还是偏高?请说明原因。

2.寒剂温度过高或过低有什么不好?

3.加入溶剂中的溶质量应如何确定?加入量过多或过少将会有何影响?

4.在冷却过程中,凝固点管内液体有哪些热交换存在?它们对凝固点的测定有何影响?

5.当溶质在溶液中解离、缔合、溶剂化和形成配合物时,测定的结果有何意义?

六、数据记录与处理

1.用 $\rho_t/(g \cdot mL^{-1}) = 0.7971 - 0.8879 \times 10^{-3} t/℃$ 计算室温 t 时环己烷的密度,然后算出所取得的环己烷质量 W_A。

2.将实验数据列入下表中。

表 5-4　凝固点降低实验数据

室温：_____；大气压：_____

物　质	质量或体积	凝固点		凝固点降低值
		测量值	平均值	
环己烷		1		
		2		
		3		
萘		1		
		2		
		3		

3.由测得的纯溶剂凝固点 T_f^*、溶液凝固点 T_f 计算萘的相对分子质量，并判断萘在环己烷中的存在形式。

参考文献

1.北京大学化学系物理化学教研室编.物理化学实验(第 3 版).北京:北京大学出版社,1995
2.东北师范大学编.物理化学实验(第 2 版).北京:高等教育出版社,1989

（陈浩编）

实验 5　二组分完全互溶系统气-液平衡相图的绘制

一、实验目的

1.绘制环己烷-异丙醇双液系的 T-x 图,确定其恒沸物的组成和恒沸温度。

2.掌握回流冷凝法测定溶液沸点的方法。

3.掌握阿贝折射仪的使用方法。

二、实验原理

常温下,两种液态物质相互混合而形成的液态混合物,称为双液系。根据二组分间溶解度的不同,双液系存在完全互溶、部分互溶和完全不互溶三种情况。液体的沸点是指液体的饱和蒸气压和外压相等时的温度。在一定的外压下,纯液体的沸点是恒定的。但对于双液系,沸点不仅与外压有关,而且还与其组成有关,并且在沸点时,平衡的气-液两相组成往往不同。在一定的外压下,表示溶液的沸点与平衡时气-液两相组成关系的相图,称为沸点-组成图（T-x 图）。完全互溶双液系的 T-x 图可分为下列三类：①混合物的沸点介于两种纯组分之间（图 5-10a）；②混合物存在着最高沸点（图 5-10b）；③混合物存在着最低沸点（图 5-10c）。对于后两类,它们在最低或最高沸点时达平衡的气相和液相的组成相同,若将此系统蒸馏,只能够使气相总量增加,而气-液两相的组成和沸点都保持不变。因此,称此混合物为恒沸混合物。其对应的最高温度或最低温度称为最高恒沸点或最低恒沸点,相应的组成称为恒沸物组成。

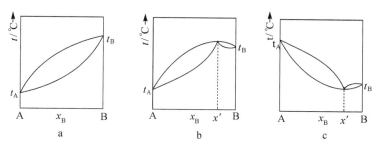

图 5-10　二组分完全互溶双液系的沸点-组成图

　　为了测定双液系的 T-x 图,需在气-液平衡后,分别测定双液系的沸点和液相、气相的平衡组成。实验中达平衡的气相和液相的分离是通过沸点仪实现的,而各相组成的准确测定是通过阿贝折射仪测量折射率进行的。本实验测定的环己烷-异丙醇双液系相图属于具有最低恒沸点的系统。方法是利用沸点仪(图 5-11)直接测定一系列不同组成混合物的气-液平衡温度(沸点),并收集少量气相和液相冷凝液,分别用阿贝折射仪测定其折射率,然后根据折射率与已知浓度样品之间的工作曲线,得对应的气相、液相组成。沸点仪有多种,各有各的特点,但都主要是为了达到测量沸点和分离平衡时气相和液相的目的。本实验使用的沸点仪是一只带有回流冷凝管的长径圆底蒸馏瓶。冷凝管底部有一凹形小槽,可收集少量冷凝的气相样品。

　　测定溶液的折射率可直接定量地分析溶液的组成,鉴定溶液的纯度,同时,物质的摩尔折射度、摩尔质量、密度、极性分子的偶极矩等也都可与折射率数据相关联。折射率的测量,所需样品少,测量精度高,重现性好,在教学与科研中是常用的测定方法,也是物质结构研究工作中的重要工具。通常用测定折射率确定溶液的组成,即先作折射率-组成关系图,然后从曲线图上查出所对应溶液的组成。同时,物质的折射率与测试环境的温度有关,在不同温度下即使溶液组成相同,其折射率也会不同,因此在测定时要严格控制测试温度。

三、预习要求

　　1.了解用沸点仪测定大气压下苯-乙醇双液系的气-液平衡相图的原理。

　　2.了解沸点的测定方法。

　　3.了解液体折射率的测量原理和方法。

四、仪器与试剂

　　仪器:沸点仪 1 套;电磁加热搅拌器 1 台;阿贝折射仪(包括恒温装置)1 套;长、短吸管各 9 支;温度计(50～100℃,0.1℃)1 只;移液管(胖肚,25mL)2 支;移液管(刻度,1mL,10mL)各 1 支;量筒(100mL)1 个;烧杯(250mL)1 只。

　　试剂:环己烷(分析纯);异丙醇(分析纯);环己烷-异丙醇标准溶液($w_{异丙醇}=10\%$～90%)。

五、实验内容

1. 绘制工作曲线。

①调节恒温水浴温度,使阿贝折射仪的温度计读数保持在某一定值。测定已知浓度 $w_{异丙醇}$＝0～100％共 11 种标准溶液的折射率。

注意:为适应季节的变化,可选择适宜的温度进行测定,通常可为 25℃、30℃、35℃等。

②当场绘制一定温度下的折射率-混合物组成工作曲线,若发现个别点偏离,重新测定。

2. 温度计校正。

将沸点仪洗净烘干后,按图 5-11 所示装置好。量取 20.0mL 的异丙醇于烧瓶中,并使温度计水银球的 1/3 浸入溶液中。打开冷却水,接通电源,开始以大功率加热液体,并搅拌。待液体沸腾后,适当调小电压,使液体保持微沸状态。待温度计的读数稳定后,记下沸点。停止加热。

3. 测定不同配比的环己烷-异丙醇溶液的沸点及组成。

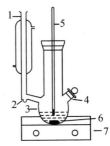

图 5-11　沸点仪
1—冷凝管;2—冷凝液凹槽;3—烧瓶;4—支管;
5—温度计;6—磁子;7—电磁加热搅拌器

① 在盛有 20.0mL 异丙醇的沸点仪中先加入 1.0mL 环己烷,加热至液体沸腾后,调节冷凝水流量,使蒸气在冷凝管中回流的高度约为 2cm。待温度计的读数稳定 5min 后,记下沸点。停止加热,将沸点仪底部浸入盛有自来水的 250mL 烧杯中使液体冷却,然后用干燥短滴管吸取圆底烧瓶内的溶液,测其折射率,即为液相的折射率。用干燥长滴管自冷凝管口伸入小球,吸取冷凝液,测其折射率,即为气相的折射率。记录下这一组成时的实验数据。

② 向沸点仪中依次加入 1.5mL、5.5mL、12.0mL 环己烷,分别重复①中操作步骤,记录不同组成时的沸点和气相、液相折射率。操作完成后将沸点仪内的溶液倒入指定的回收瓶。

③ 同样的,在盛有 25.0mL 环己烷的沸点仪中依次加入 0.4mL、0.6mL、5mL、5mL 异丙醇,按照①、②中的操作测定并记录实验数据。

4. 绘制沸点-组成图。

用所测实验原始数据现场绘制沸点-组成草图,与文献值比较,决定是否有必要重新测定某些数据。

【注意事项】

1. 记下沸点后将沸点仪从电炉上移开,移动时不能使气相冷凝液流到液相中。取样时,最好先取液相样,后取气相样。

2. 测定折射率的时候动作一定要迅速,以防止由于挥发而改变其组成。

3. 取样的滴管必须是干燥的;取样分析后,滴管不能倒置。

4. 实验过程中,电压、冷凝水等调节好后最好不要再改变。因为系统自身有趋向平衡的能力,如改变外界条件,就破坏了平衡。同理,不能将球中气相冷凝液倒回烧瓶。

5.严格控制加热电压,使液体保持微沸状态,不能过热。

【思考题】

1.选择题

①在二组分气-液相图的实验教材中,写着"加入环己烷 2mL、3mL、4mL……",这种规定样品的加入量,其目的是

A.因为相图的横坐标是表示组成,因此作图时保证了组成的精确性

B.使相图中各点的分布合理

C.防止加入量过多使沸点仪的蒸馏瓶容纳不了

D.为了节约药品的用量

②在双液系气-液相图绘制的实验中,某学生原想加入 5mL 环己烷,由于看错刻度,结果加入了 5.5mL 环己烷,对这一后果正确的处理方法是

A.不会影响测量结果,直接进行升温回流操作

B.因为液相的组成改变,因此需将溶液倒掉,重新加样测量

C.为保持溶液的组成不变,需精确补加一部分异丙醇后再进行下一步操作

D.再补加环己烷 4mL,做下一个实验点

③用阿贝折射仪测量液体的折射率时,下列操作中哪一条是不正确的

A.折射仪的零点事先应当用标准溶液进行校正

B.折射仪应与超级恒温槽串接以保证恒温测量

C.折射仪的棱镜镜面用滤纸擦净

D.应调节补偿镜使视场内呈现清晰的明暗界线

④已知环己烷(A)-异丙醇(B)的最低恒沸组成为 66% (环己烷的质量分数),则环己烷的质量分数为 50% 的混合物处于气-液两相平衡时,两相组成的关系及蒸馏情况是

A.$w_B^g < w_B^l$,蒸馏时液相得到恒沸混合物,气相得到异丙醇(B)

B.$w_B^g < w_B^l$,蒸馏时液相得到异丙醇(B),气相得到恒沸混合物

C.$w_B^g > w_B^l$,蒸馏时液相得到恒沸混合物,气相得到异丙醇(B)

D.$w_B^g > w_B^l$,蒸馏时液相得到异丙醇(B),气相得到恒沸混合物

2.简答题

①实验前沸点仪是否需要洗净、烘干? 为什么?

②系统平衡时,两相温度应不应该一样? 实际上呢? 在溶液中怎样插置温度计的水银球,才能准确测得沸点呢?

③阿贝折射仪的使用应注意什么?

④讨论本实验的主要误差来源。

第 5 章 化学热力学

六、数据记录与处理

1.将实验数据列表。

表 5-5　环己烷-异丙醇标准溶液的折射率

室温：＿＿＿＿＿＿＿＿；大气压：＿＿＿＿＿＿＿＿＿；异丙醇的沸点(温度计示值)：＿＿＿＿＿＿＿＿；
温度计校正值：＿＿＿＿＿＿＿＿

$w_{异丙醇}/\%$	0	10	20	30	40	50	60	70	80	90	100
n_D											

表 5-6　不同组成的环己烷-异丙醇溶液的折射率及沸点

序号	$V_{异丙醇}/V_{环己烷}$ /(mL/mL)	沸点/℃	n_D		$w_{异丙醇}/\%$	
			气相冷凝液	液相冷却液	气相	液相
1	1.0/20.0					
2	2.5/20.0					
3	8.0/20.0					
4	20.0/20.0					
5	11.0/25.0					
6	6.0/25.0					
7	1.0/25.0					
8	0.4/25.0					

2.温度计校正。

查阅本教材附录5,根据实验时的大气压计算异丙醇的沸点,与实验测定的异丙醇的沸点相比较,求出温度计本身误差的校正值,并根据这个校正值逐一改正测定的不同浓度溶液的沸点。同时,根据实验时的大气压计算出环己烷的沸点。

3.绘制工作曲线,即环己烷-乙醇标准溶液的折射率与组成的关系曲线。

4.根据工作曲线确定各待测溶液气相和液相的平衡组成,填入表5-6中。

5.以组成为横坐标、沸点为纵坐标,绘出气相与液相的平衡曲线,即双液系相图。由图确定最低恒沸点的温度和组成。

参考文献

1.罗澄源编.物理化学实验(第3版).北京:高等教育出版社,1991
2.罗澄源,向明礼等编.物理化学实验(第4版).北京:高等教育出版社,2004

(赵杰编)

实验 6　二组分金属相图的绘制

一、实验目的

1. 用热分析法测绘 Sn-Bi 二组分金属相图。
2. 掌握热分析法的测量技术与热电偶测量温度的方法。
3. 学会可升降温电炉及数字控温仪的使用方法。

二、实验原理

相图是用以研究系统的状态随浓度、温度、压力等变量的改变而发生变化的图形,它可以表示出在指定条件下系统存在的相数和各相的组成,对蒸气压较小的二组分凝聚系统,常以温度-组成(T-x)图来描述。

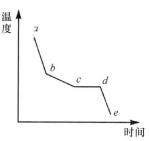

热分析法是绘制相图常用的基本方法之一。这种方法是通过观察系统在冷却(或加热)时温度随时间的变化关系来判断有无相变的发生。通常的做法是先将系统全部熔化,然后让其在一定环境中自行冷却,并每隔一定的时间记录一次温度,以温度(T)为纵坐标、时间(t)为横坐标,画出称为步冷曲线的温度-时间(T-t)图。如图 5-12 所示是二组分金属系统的一种常见类型的步冷曲线。

图 5-12　步冷曲线

当系统均匀冷却时,如果系统不发生相变,则系统的温度随时间的变化将是均匀的,冷却也较快(图 5-12 中 ab 段)。若在冷却过程中发生了相变,由于在相变过程中伴随着热效应,因此系统温度随时间变化的速度将发生改变,系统的冷却速度减慢,步冷曲线就出现转折(图 5-12 中 b 点)。当熔液继续冷却到某一点(图 5-12 中 c 点)时,由于此时熔液的组成已达到最低共熔混合物的组成,故有最低共熔混合物析出,在最低共熔混合物完全凝固以前,系统温度保持不变,因此步冷曲线出现平台(图 5-12 中 cd 段)。当熔液完全凝固后,温度才迅速下降(图 5-12 中 de 段)。由步冷曲线中出现的平台或转折点即可以绘制出而组分金属相图,如图 5-13 所示。

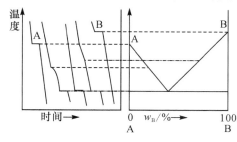

图 5-13　根据步冷曲线绘制相图

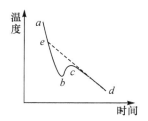

图 5-14　有过冷现象出现的步冷曲线

用热分析法测绘相图时,被测系统必须时时处于或接近相平衡状态,因此必须保证冷却速度足够慢才能得到较好的效果。此外,在冷却过程中,一个新的固相出现以前,常常发生过冷现象,轻微过冷则有利于测量相变温度;但严重过冷,却会使转折点发生起伏,使相变温度的确定产生困难,如图5-14所示。遇此情况,可延长 dc 线与 ab 线相交,交点 e 即为转折点。

三、预习要求

1.掌握用热分析法绘制二组分金属相图的原理。

2.理解利用步冷曲线准确绘制铅、锡二组分相图的方法。

3.了解热电偶的工作原理及制备方法。

四、仪器与试剂

仪器:KWL09可控升降温电炉1台;电脑1台;SWKY-Ⅰ数字控温仪1台;金属套管6只;钳子1把。

试剂:Sn(化学纯);Bi(化学纯);液状石蜡;石墨粉。

五、实验内容

1.将数字控温仪与可控升降温电炉及计算机连接好,检查仪器装置与药品。

2.测绘样品的步冷曲线。

①打开计算机,双击桌面图标(金属相图)。

②将盛有 w_{Bi} 为58%样品的金属管放入控温区电炉内加热,温度传感器Ⅰ插入指定温度传感器插孔,温度传感器Ⅱ插入测试区电炉炉膛内。

③设置控制温度,58%少Bi样品对应的控温区电炉温度Ⅰ设为170℃,测试区电炉温度Ⅱ设为160℃。其他样品设置温度参考本实验的附表。

④当温度Ⅰ达到所设定的温度并稳定一段时间,试管内样品全熔化后,用钳子取出试管,将其放入测试区电炉膛内,并把温度传感器Ⅱ放入试管内。打开电炉电源开关,调节"加热量调节",加热至所需温度。

⑤当测试电炉炉膛温度加热至所需温度后,耐心调节"加热量调节"旋钮和"冷风量调节"旋钮,使之匀速降温,降温速度控制在 $5\sim8℃\cdot min^{-1}$。

⑥在电脑上先设定好横坐标和纵坐标,单击"开始",绘制步冷曲线。根据参考数据,快至转折点时,轻微搅拌样品以防止产生过冷现象,以保证实验精度。继续绘制步冷曲线,直至水平线段以下为止。单击"完成",并命名存盘。

⑦用上述方法按照温度由低到高的顺序绘制80%Bi、30%Bi、纯Sn和纯Bi样品的步冷曲线。合金有两个转折点,必须待第二个转折点测完后方可停止实验。单击"完成",并保存。

⑧实验结束后,关闭电脑。调节数字控温仪至置数状态,使温度下降。逆时针调节电炉的"加热量调节"旋钮到底,表头指示为"0",顺时针调节"冷风量调节"旋钮到底,进行降温,待温度Ⅰ、温度Ⅱ的温度降至接近室温(至少100℃以下),关闭电源。

【注意事项】

1.用电炉加热样品时,注意温度要适当。温度过高,样品易氧化变质;温度过低或加热时间不够,则样品没有全部熔化,步冷曲线转折点测不出。

2.熔化样品时,升温电压不能一下加得太快,要缓慢升温。一般金属熔化后,继续加热2min即可停止加热。

3.为使步冷曲线上有明显的相变点,必须将热电偶结点放在熔融体的中间偏下处,同时将熔体搅匀。冷却时,将金属样品管放在冷却炉中,控制温度下降,打开风扇。

4.实验过程中,样品管要小心轻放,插换热电偶时要格外小心,防止戳破样品管。

5.不要用手触摸被加热的样品管底部,更换热电偶时不要碰到手臂,以免烫伤。

【思考题】

1.选择题

①二组分合金体系的步冷曲线上的"平阶"长短与下列哪个因素无关

A.样品的质量　　　　　B.样品的组成

C.样品的降温速率　　　D.样品开始降温的温度

②右图是 Bi-Cd 二组分相图,若将质量分数 w_{Cd} 为80%的熔融混合物冷却,则步冷曲线上将

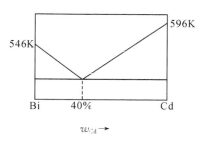

A.只出现一个"拐点"

B.只出现一个"平阶"

C.先出现一个"拐点",后出现一个"平阶"

D.先出现一个"平阶",后出现一个"拐点"

③关于二组分体系步冷曲线上的"拐点"和"平阶",所呈现的相数分别是

A."拐点"处为两相,"平阶"处为三相

B."拐点"处为一相,"平阶"处为两相

C."拐点"和"平阶"处均为两相

D."拐点"和"平阶"处均为三相

④根据步冷曲线确定体系的相变温度时,经常因发生过冷现象而使步冷曲线变形。右图是铅-锡混合物的步冷曲线,其"拐点"和"平阶"所对应的温度点分别是

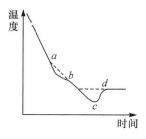

A.a 和 d　　　　　　B.a 和 c

C.b 和 c　　　　　　D.b 和 d

2.简答题

①对于不同组分混合物的步冷曲线,其水平段有什么不同?

②作相图还有哪些方法?

③通常认为,系统发生相变时的热效应很小,则用热分析法很难测得准确相图,为什么? 对于 w_{Bi} 为30%和80%的两个样品,步冷曲线中的第一个转折点哪个明显? 为什么?

④有时在出现固相的冷却记录曲线转折点处出现凹陷的小弯,这是什么原因造成的? 此时应如何读相图转折点的温度?

⑤金属熔融系统冷却时,冷却曲线为什么出现转折点? 纯金属、低共熔金属及合金等的转折点各有几个? 曲线形状为何不同?

附表　常见合金组成与熔点关系

w_{Bi}	熔点/℃	温度Ⅰ/℃	温度Ⅱ/℃
纯 Bi　100%	271（平阶）	300	290
1　30%	192（拐点）	220	210
2　58%	139（平阶）	170	160
3　80%	184（拐点）	215	210
纯 Sn　0	232（平阶）	260	250

六、数据记录与处理

1.找出各步冷曲线的"拐点"和"平阶"对应的温度值，查出 w_{Bi} 为 30%、58%、80% 的 Sn-Bi 合金的熔点温度，以及纯 Sn 和纯 Bi 的熔点温度。

2.以横坐标为质量分数、纵坐标为温度，绘出 Sn-Bi 二组分合金相图。

参考文献

1.孙尔康,徐维清,邱金恒编.物理化学实验.南京:南京大学出版社,1999

2.洪惠婵,黄钟奇编.物理化学实验.广州:中山大学出版社,1991

（赵杰编）

习　题

1. 在实验2中,哪些是系统?哪些是环境?系统和环境间有无热交换?这些热交换对实验结果有何影响?如何校正?

答:盛水桶内部物质及空间为系统。除盛水桶内部物质及空间的热量计外,其余部分为环境。系统和环境之间有热交换。热交换的存在会影响燃烧热测定的准确值,可通过雷诺校正曲线校正来减小其影响。

2. 在实验2中,固体样品为什么要压成片状?萘和苯甲酸的用量是如何确定的?

答:压成片状有利于样品充分燃烧。若萘和苯甲酸的用量太少,测定误差较大;若量太多,则不能充分燃烧,可根据氧弹的体积和内部氧的压力确定来样品的最大用量。

3. 在实验2中,样品燃不着、燃不尽的原因有哪些?

提示:压片太紧、燃烧丝陷入药片内会造成燃不着;压片太松、氧气不足会造成燃不尽。

4. 在实验2中,测量中影响实验结果的主要因素有哪些?实验成功的关键因素是什么?

答:能否保证样品充分燃烧、系统和环境间的热交换是影响实验结果的主要因素。实验成功的关键有:药品的量合适,压片松紧合适,雷诺温度校正。

5. 使用氧气钢瓶和氧气减压阀时要注意哪些事项?

答:氧气减压阀的高压腔与氧气钢瓶连接,低压腔为气体出口,并通往使用系统。高压表的示值为钢瓶内贮存气体的压力。低压表的出口压力可由调节螺杆控制。

①使用时先打开氧气钢瓶总开关,然后顺时针转动低压表压力调节螺杆,使其压缩主弹簧并传动薄膜、弹簧垫块和顶杆而将活门打开。

② 转动调节螺杆,改变活门开启的高度,从而调节高压气体的通过量并达到所需的压力值。

③氧气减压阀应严禁接触油脂,以免发生火警事故。停止工作时,应将减压阀中余气放净,然后拧松调节螺杆以免弹性元件长久受压变形。

④ 氧气钢瓶最好不要放在实验室或楼道内,应避免阳光直射。不准放在热源附近,距离明火至少5m。钢瓶应直立放置,用架子、套环固定。气瓶附近,必须有合适的灭火器,且工作场所通风良好。

⑤ 搬运氧气钢瓶应套好防护帽和防震胶圈,不得摔倒或撞击。阀门是最脆弱的部位,要加以保护,如撞断阀门会引起爆炸。气瓶搬运时,应罩好气钢瓶帽,保护阀门。

⑥开启氧气钢瓶阀门时不允许带沾有油污的手套。关气时应先关闭钡瓶阀门,放尽减压阀中的气体,再松开减压阀螺杆。

⑦钢瓶内的气体不得用尽,应留有一定的余压。

6. 在真空泵停止抽气时,若先拔掉电源插头,会有什么情况出现?

答:会出现真空泵油倒灌的情况。

7. 在实验3中,能否在加热情况下检查装置是否漏气?漏气对结果有何影响?

答:不能。加热过程中温度不能恒定,气-液两相不能达到平衡,压力也不恒定。漏气会导致在整个实验过程中体系内部压力的不稳定,气-液两相无法达到平衡,从而造成所测结果不准确。

8. 压力计读数为何在不漏气时也会时常跳动?

答:因为体系未达到气-液平衡。

9. Clausius-Clapeyron 方程在什么条件下才适用?

答:Clausius-Clapeyron 方程的适用条件:一是液体的摩尔体积 V 与气体的摩尔体积 V_g 相比可忽略不计;二是忽略温度对摩尔蒸发焓 $\Delta_{vap}H_m$ 的影响,在实验温度范围内可视其为常数;三是气体视为理想气体。

10. 实验 3 中所测得的摩尔蒸发焓数据是否与温度有关?

答:有关。

11. 实验 3 中的主要误差来源是什么?

答:装置的密闭性是否良好,水本身是否含有杂质等。

12. 在实验 4 中,什么原因可能会造成过冷太甚?若过冷太甚,所测溶液凝固点偏低还是偏高?由此所得的萘的相对分子质量偏低还是偏高?请说明原因。

答:寒剂温度过低会造成过冷太甚。若过冷太甚,则所测得的溶液的凝固点会偏低。根据稀溶液依数性公式可知,由于溶液凝固点偏低,ΔT_f 偏大,由此所得的萘的相对分子质量偏低。

13. 在实验 4 中,寒剂温度过高或过低有什么不好?

答:寒剂温度过高一方面不会出现过冷现象,也就不能产生大量细小晶体析出这一实验现象,会导致实验失败,另一方面,会使实验时间延长,不利于实验的顺利完成;而寒剂温度过低则会造成过冷太甚,影响萘的相对分子质量的测定,具体见上题答案。

14. 在实验 4 中,加入溶剂中的溶质量应如何确定?加入量过多或过少将会有何影响?

答:溶质的加入量应该根据它在溶剂中的溶解度来确定,因为凝固点降低是稀溶液的依数性,因此应当保证溶质的量既能使溶液的凝固点降低值不是太小,容易测定,又要保证是稀溶液这个前提。如果加入量过多,一方面会导致凝固点下降过多,不利于溶液凝固点的测定,另一方面有可能超出了稀溶液的范围而不具有依数性;过少则会使凝固点下降不明显,不易测定,令实验误差增大。

15. 估算实验 4 的测定结果的误差,说明影响测定结果的主要因素有哪些?

答:影响测定结果的主要因素有控制过冷的程度和搅拌速度、寒剂的温度等。在实验 4 中,测定凝固点需要有过冷现象出现,过冷太甚会造成凝固点测定结果偏低,因此需要控制过冷程度,只有液-固两相的接触面相当大时,液-固才能达到平衡。实验过程中就是采取突然搅拌的方式和改变搅拌速度来达到控制过冷程度的目的;寒剂的温度过高、过低都不利于实验的完成。

16. 在实验 4 中,当溶质在溶液中解离、缔合、溶剂化和形成配合物时,测定的结果有何意义?

答:溶质在溶液中解离、缔合、溶剂化和形成配合物时,凝固点降低法测定的相对分子质量为溶质的解离、缔合、溶剂化或者形成的配合物的相对分子质量,因此凝固点降低法测定出的结果反映了物质在溶剂中的实际存在形式。

17.在实验4中,在冷却过程中,凝固点测定管内液体有哪些热交换存在?它们对凝固点的测定有何影响?

答:凝固点测定管内液体与空气套管和测定管的管壁、搅拌棒以及温差测量仪的传感器等存在热交换。因此,如果搅拌棒与温度传感器摩擦,会导致测定的凝固点偏高。测定管的外壁上粘有水会导致凝固点的测定偏低。

18.在实验5中,在测向环己烷加异丙醇体系时,为什么沸点仪不需要洗净、烘干?

提示:实验只要测不同组成下的沸点、平衡时气相及液相的组成即可,体系中具体总的组成没必要精确。

19.在实验5中,体系平衡时,两相温度应不应该一样?实际上呢?在溶液中怎样插置温度计的水银球,才能准确测得沸点呢?

答:两相温度应该一样,但实际是不一样的,一般将温度计的水银球的2/3插入溶液中较好。

20.在实验5中,收集气相冷凝液的小槽体积大小对实验结果有无影响?为什么?

答:有影响,气相冷凝液的小槽大小会影响气相和液相的组成。

21.阿贝折射仪的使用应注意什么?

提示:不能测定强酸、强碱等对仪器有强腐蚀性的物质。

22.讨论实验5的主要误差来源。

答:影响温度测定的:温度计的插入深度、沸腾的程度等;影响组成测定的:移动沸点仪时气相冷凝液倒流回液相中,测定的速度慢等。

23.对于不同组分混合物的步冷曲线,其水平段有什么不同?

答:纯物质的步冷曲线在其熔点处出现水平段,混合物在共熔温度时出现水平段。而平台的长短也不同。

24.除实验5、6所示的方法外,作相图还有哪些方法?

答:作相图的方法还有溶解度法、金相显微镜法、加热曲线法等。

25.通常认为,体系发生相变时的热效应很小,则用热分析法很难测得准确相图,为什么?在实验6中,对于 w_{Bi} 为 30% 和 80% 的两个样品,步冷曲线中的第一个转折点哪个明显?为什么?

答:因为热分析法是通过步冷曲线来绘制相图的,主要是通过步冷曲线上的拐点和水平段(斜率的改变)来判断新相的出现。如果体系发生相变的热效应很小,则用热分析法很难产生拐点和水平段。30%样品的步冷曲线中第一个转折点明显,熔化热大的 Sn 先析出,因此当发生相变时可以提供更多的温度补偿,使曲线斜率改变较大。

26.在实验6中,有时在出现固相的冷却记录曲线转折点处出现凹陷的小弯,这是什么原因造成的?此时应如何读相图转折点的温度?

答:这是由于出现过冷现象造成的,遇到这种情况可以通过做延长线的方式确定相图的转折点的温度。

27.在实验6中,金属熔融系统冷却时,冷却曲线为什么出现转折点?纯金属、低共熔金属及合金等转折点各有几个?曲线形状为何不同?

答：因为金属熔融系统冷却时，金属凝固放热对体系散热发生一个补偿，因而造成冷却曲线上的斜率发生改变，出现转折点。纯金属、低共熔金属各出现一个水平段，合金出现一个转折点和一个水平段。由于曲线的形状与样品的熔点温度、环境温度、样品相变热、保温加热炉的保温性能、样品的数量均有关系，因此不同样品的步冷曲线是不一样的。对于纯金属和低共熔金属来说，只有一个熔点，因此只出现平台；而对于合金来说，先有一种金属析出，然后两种再同时析出，因此会出现一个折点和一个平台。

28.有一失去标签的 Sn-Bi 合金样品，用什么方法可以确定其组成？

答：可以通过热分析法来确定其组成。首先通过热分析法绘制 Sn-Bi 的二组分相图，然后绘制该合金样品的步冷曲线，与 Sn-Bi 的二组分相图对照即可得出该合金的组成。

第6章 电化学

实验7 原电池电动势的测定及其应用

一、实验目的

1. 掌握对消法测定电池电动势的原理和方法。
2. 掌握数字式电子电位差计的使用方法。
3. 掌握通过测量原电池电动势计算热力学函数变化值的原理、方法及其应用。

二、实验原理

原电池是化学能转变为电能的装置,它由两个"半电池"所组成,而每一个半电池中有一个电极和相应的电解质溶液,半电池可组成不同的原电池。在电池放电反应中,正极发生还原反应,负极发生氧化反应,电池反应是电池中两个电极反应的总和,其电动势为组成该电池的两个半电池的电极电势的代数和。

电池的书写习惯是左边为负极,右边为正极,符号"│"表示两相界面,"‖"表示盐桥。盐桥的作用主要是降低和消除两相之间的接界电势。

例如:铜锌电池 $\quad Zn \mid ZnSO_4(a_1) \parallel CuSO_4(a_2) \mid Cu$

负极反应 $\quad Zn(s) \rightarrow Zn^{2+}(a_{Zn^{2+}}) + 2e$

正极反应 $\quad Cu^{2+}(a_{Cu^{2+}}) + 2e \rightarrow Cu(s)$

电池总反应 $\quad Zn(s) + Cu^{2+}(a_{Cu^{2+}}) \rightarrow Zn^{2+}(a_{Zn^{2+}}) + Cu(s)$

$$E = E_右 - E_左 = E_+ - E_- = \left(E^\ominus_{Cu^{2+},Cu} - \frac{RT}{2F}\ln\frac{1}{a_{Cu^{2+}}}\right) - \left(E^\ominus_{Zn^{2+},Zn} - \frac{RT}{2F}\ln\frac{-}{a_{Zn^{2+}}}\right)$$

$$= E^\ominus - \frac{RT}{2F}\ln\frac{a_{Zn^{2+}}}{a_{Cu^{2+}}} = E^\ominus - \frac{RT}{2F}\ln\frac{\gamma_\pm c_{Zn^{2+}}}{\gamma_\pm c_{Cu^{2+}}}$$

式中:E_+ 为正极电极电势;E_- 为负极电极电势;$E^\ominus_{Cu^{2+},Cu}$ 为铜电极在标准状态下的电极电势;$E^\ominus_{Zn^{2+},Zn}$ 为锌电极在标准状态下的电极电势;$E^\ominus$ 为铜锌电池在标准状态下的电池电动势;a 为活度;$\gamma_\pm$ 和 c 分别表示平均活度系数和浓度。

测量电池的电动势,要在接近热力学可逆条件下进行,不能用伏特计直接测量,因为此方法在测量过程中有电流通过伏特计,处于非平衡状态,因此测出的是两电极间的电位差,达不到测量电动势的目的,而只有在无电流通过的情况下,电池才处于平衡状态。用对消法可达到测量原电池电动势的目的,原理见图6-1。

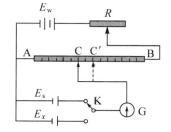

图6-1 对消法测电动势示意图

图6-1中,AB为均匀的电阻丝,工作电池 E_w 与 AB 构成一个通路,在 AB 线上产生了均

匀的电位降。K 是双臂电钥,当 K 向下时与待测电池 E_x 相通,待测电池的负极与工作电池的负极并联,正极则经过检流计 G 接到滑动接头 C 上,这样就等于在电池的外电路上加上一个方向相反的电位差,它的大小由滑动点的位置来决定。移动滑动点的位置就会找到某一点(例如 C 点),当电钥闭合时,检流计中没有电流通过,此时电池的电动势恰好和 AC 线段所代表的电位差在数值上相等而方向相反。为了求得 AC 线段的电位差,可以将 K 向上扳至与标准电池相接,标准电池的电动势是已知的,而且保持恒定,设为 E_s。用同样方法可以找出另一点 C',使检流计中没有电流通过,AC'线段的电位差就等于 E_x。因为电位差与电阻线的长度成正比,故待测电池的电动势 $E_x = E_s \dfrac{AC'}{AC}$。调整工作回路中的 R,可使电流控制在所要求的大小,使 AB 上的电位降达到我们所要求的量程范围。

化学反应的热效应可以直接用量热计测量,也可以用电化学的方法来测量。将电化学反应设计成可逆电池,在一定条件下,电池的电动势可以准确测得,因此,用电化学的方法所得数据较化学方法更可靠。利用对消法测出电池的电动势 E,即可计算出相应的电池反应的吉布斯自由能改变值 $\Delta_r G_{T,p}$:

$$\Delta_r G_{T,p} = -nFE \tag{6-1}$$

式中:n 为电池输出电荷的物质的量,单位为 mol;E 为可逆电池的电动势,单位为 V;F 是法拉第(Faraday)常数。当反应进度 $\xi = 1\,mol$ 时,吉布斯自由能的变化值可表示为

$$(\Delta_r G_m)_{T,p} = \frac{-nFE}{\xi} = -zFE \tag{6-2}$$

根据热力学基本公式

$$dG = -SdT + Vdp$$

$$\left(\frac{\partial G}{\partial T}\right)_p = -S \qquad \left[\frac{\partial(\Delta G)}{\partial T}\right]_p = -\Delta S \tag{6-3}$$

将式(6-2)代入上式,得

$$\left[\frac{\partial(-zFE)}{\partial T}\right]_p = -\Delta_r S_m$$

$$\Delta_r S_m = zF\left(\frac{\partial E}{\partial T}\right)_p \tag{6-4}$$

式中:$\left(\dfrac{\partial E}{\partial T}\right)_p$ 称为电池电动势的温度系数,它的物理意义是恒压下电动势随温度的变化,单位为 $V \cdot K^{-1}$。在等温条件下,可逆反应的热效应为

$$Q_r = T\Delta_r S_m = zFT\left(\frac{\partial E}{\partial T}\right)_p \tag{6-5}$$

又由于 $\Delta G = \Delta H - T\Delta S$,因此

$$\Delta_r H_m = \Delta_r G_m + T\Delta_r S_m = -zFE + zF\left(\frac{\partial E}{\partial T}\right)_p \tag{6-6}$$

因此,将化学反应设计成一个可逆电池,在恒定的温度和压力下,测量电池的电动势,代入式(6-2),即可得到该温度下的反应吉布斯自由能改变值 $\Delta_r G_m$。连续测定各个温度下该可逆电池的电动势,将电池的电动势对温度作图,根据此曲线的斜率可以计算出任一

温度下的 $\left(\dfrac{\partial E}{\partial T}\right)_p$ 值,将此值代入式(6－4)和式(6－6),即可求得该反应在一定温度下的热力学函数 $\Delta_r S_m$ 和 $\Delta_r H_m$ 的值。

三、预习要求

1. 了解电位差计、检流计、标准电池、甘汞电极的构造、原理及使用方法。
2. 了解对消法测定原电池电动势的原理。
3. 理解电动势法测定溶液 pH 值的原理和方法。
4. 了解盐桥的制备方法及作用。

四、仪器与试剂

仪器:EM－3C 型电位差计 1 台;恒温槽 1 套;饱和甘汞电极 1 个;银-氯化银电极 2 个;洗瓶 1 只;废液缸 1 只;饱和氯化钾盐桥 1 只;烧杯(50mL)6 只;容量瓶(200mL)5 只;移液管(5mL)1 支;滴管 1 支;砂纸(公用)。

试剂:KCl 溶液($0.20\text{mol} \cdot \text{L}^{-1}$);饱和 KCl 溶液;琼脂。

五、实验内容

1. 电极的制备。

银-氯化银电极、饱和甘汞电极采用现成的商品,使用前用蒸馏水淋洗干净。

2. 盐桥的制备。

制备的方法是将 3g 琼脂和 100mL 饱和 KCl 溶液加入锥形瓶中,于热水浴中加热溶解,然后用洗耳球将它灌入干净的 U 型管中,U 型管中以及两端不能留有气泡,冷却待用此步骤一般由实验老师预先完成。

3. 电动势的测定。

(1)配制溶液。

用移液管和容量瓶将 $0.20\text{mol} \cdot \text{L}^{-1}$ 的 KCl 溶液稀释成 0.010、0.030、0.050、0.070 和 $0.090\text{mol} \cdot \text{L}^{-1}$ 溶液。

(2)测量待测电池电动势。

在 50mL 烧杯中组装下列原电池,用数字式电位差计测量其电动势(数字式电位差计的使用方法见本教材 P15)。

① $\text{Hg(l)} \mid \text{Hg}_2\text{Cl}_2(\text{s}) \mid$ 饱和 KCl 溶液 $\parallel \text{KCl}(c) \mid \text{AgCl(s)} \mid \text{Ag(s)}$

$c = 0.010$、0.030、0.050、0.070、$0.090\text{mol} \cdot \text{L}^{-1}$

② $\text{Ag(s)} \mid \text{AgCl(s)} \mid \text{KCl}(c_1) \parallel \text{KCl}(c_2) \mid \text{AgCl(s)} \mid \text{Ag(s)}$

$c_1 = 0.010$、0.030、0.050、0.070、$0.090\text{mol} \cdot \text{L}^{-1}$

$c_2 = 0.010\text{mol} \cdot \text{L}^{-1}$

(3)不同温度下测定原电池电动势。

在以上第①组电池中任选一种浓度,组成原电池,在 $25 \sim 50℃$ 范围内测定至少 5 个温度下的电池电动势。

【注意事项】

1. 检查甘汞电极是否有气泡,如有,必须排除。

2. 测定时,电解质溶液必须由稀到浓。

3. 实验中的液体废物不能直接倒入下水道,要倒入废液缸,以便集中处理。

4. 实验过程中测定不同温度下原电池电动势时,注意不要更换电极。

【思考题】

1. 对消法测电动势的基本原理是什么?为什么用伏特表不能准确测定电池电动势?

2. 参比电极应具备什么条件?它有什么功用?

3. 盐桥有什么作用?应选择什么样的电解质作盐桥?

4. 电动势的测量方法属于平衡测量,测量过程中应尽可能地在可逆条件下进行。为此,应注意些什么?

5. 对照理论值和实验测得值,分析误差产生的原因。

6. 在精确的实验中,需要在原电池中通入氮气,它的作用是什么?

六、数据记录与处理

1. 数据记录。

表 6-1 原电池电动势测定的实验记录

室温:_____;大气压:_____

单位:V

$c_{KCl}/(mol \cdot L^{-1})$ 电池	0.010	0.030	0.050	0.070	0.090
1					
2					

2. 根据测定的电动势值计算,并将结果列入下表。

表 6-2 原电池电动势测定的计算结果

$c_{KCl}/(mol \cdot L^{-1})$	0.010	0.030	0.050	0.070	0.090
E/V					
$E_{Cl^-/AgCl}/V$					
$a_{Cl^-}/(mol \cdot L^{-1})$					
$\lg a_{Cl^-}$					

注:饱和甘汞电极的电极电势与温度的关系为 $E/V = 0.2438 - 6.5 \times 10^{-4}(t/℃ - 25)$

3. 作图求结果。

以 $E_{Cl^-/AgCl}$ 对 $\lg a_{Cl^-}$ 作图(或线性回归),外推求原电池①中的 $E^{\ominus}_{Cl^-/AgCl}$ 的标准电动势 $E^{\ominus}$。

4. 根据电池 $Hg(l)|Hg_2Cl_2(s)|$饱和 KCl 溶液 $\| KCl(c)|AgCl(s)|Ag(s)$ 在不同温度下的电动势 E,以 E 对 T 作图,计算电动势的 25℃时的温度系数 $\left(\dfrac{\partial E}{\partial T}\right)_p$ 以及电池反应的 $\Delta_r G_m$、$\Delta_r S_m$ 和 $\Delta_r H_m$。

参考文献

1.南开大学化学系物理化学教研室编.物理化学实验.天津:南开大学出版社.1991

2.陈龙武,邓希贤,朱长缨,吴子生,臧威成,金虹.物理化学实验基本技术.上海:华东师范大学出版社,1986

（吴俊勇编）

实验 8 铁在硫酸溶液里的极化曲线的测定

一、实验目的

1.掌握准稳态恒电位法测定金属铁的极化曲线的基本原理和测试方法。

2.了解极化曲线的意义和应用。

3.掌握恒电位仪的使用方法。

二、实验原理

1.极化现象与极化曲线

为了探索电极过程机理及影响电极过程的各种因素,必须对电极过程进行研究,其中极化曲线的测定是重要方法之一。我们知道在研究可逆电池的电动势和电池反应时,电极上几乎没有电流通过,每个电极反应都是在接近于平衡状态下进行的,因此电极反应是可逆的。但当有电流明显地通过电池时,电极的平衡状态被破坏,电极电势偏离平衡值,电极反应处于不可逆状态,而且随着电极上电流密度的增加,电极反应的不可逆程度也随之增大。由于电流通过电极而导致电极电势偏离平衡值的现象称为电极的极化,描述电流密度与电极电势之间关系的曲线称作极化曲线,如图 6-2 所示。

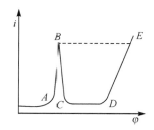

图 6-2 极化曲线

AB:活性溶解区;B:临界钝化点;BC:过渡钝化区;CD:稳定钝化区;DE:超(过)钝化区

金属的阳极过程是指金属作为阳极时在一定的外电势下发生的阳极溶解过程,如下式所示:

$$M \rightarrow M^{n+} + ne$$

此过程只有在电极电势大于其热力学平衡电势时才能发生。阳极的溶解速度随电势变正而逐渐增大,这是正常的阳极溶出,但当阳极电势正到某一数值时,其溶解速度达到最大值,此后阳极溶解速度随电势变正反而大幅度降低,这种现象称为金属的钝化现象。图 6-2 中曲线表明,从 A 点开始,随着电势向正方向移动,电流密度也随之增加,电势超过 B 点后,电流密度随电势增加迅速减至最小,这是因为在金属表面产生了一层电阻高、耐腐蚀的钝化膜。B 点对应的电势称为临界钝化电势,对应的电流称为临界钝化电流。电

势到达 C 点以后,随着电势的继续增加,电流却保持在一个基本不变的很小的数值上,该电流称为维钝电流。直到电势升到 D 点,电流才又随着电势的上升而增大,表示阳极又发生了氧化反应,可能是因为有高价金属离子产生,也可能是水分子放电析出氧气,DE 段称为过钝化区。

2. 极化曲线的测定

(1)恒电位法

恒电位法就是将研究电极的电极电势依次恒定在不同的数值上,然后测量对应于各电位下的电流。极化曲线的测量应尽可能接近体系稳态。稳态体系指被研究体系的极化电流、电极电势、电极表面状态等基本上不随时间而改变。在实际测量中,常用的控制电位测量方法有以下两种:阶跃法、慢扫描法。上述两种方法都已经获得了广泛应用,尤其是慢扫描法,由于可以自动测绘,扫描速度可以控制,因而测量结果重现性好,特别适用于对比实验。

(2)恒电流法

恒电流法就是将研究电极上的电流密度依次恒定在不同的数值下,同时测定相应的稳定电极电势值。采用恒电流法测定极化曲线时,由于种种原因,给定电流后,电极电势往往不能立即达到稳态,不同的体系,电势趋于稳态所需要的时间也不相同,因此在实际测量时,一般在电势接近稳定(如 $1\sim3\text{min}$ 内无大的变化)时即可读数,或人为自行规定每次电流恒定的时间。

三、预习要求

1. 了解用"三电极"法测定金属沉积过程的电极电势。
2. 理解过电位和极化曲线的概念。
3. 了解控制电位法测量极化曲线的方法。

四、仪器与试剂

仪器:电化学综合测试系统 1 套(或恒电位仪 1 台、数字电压表 1 只与毫安表 1 只);电磁搅拌器 1 台;饱和甘汞电极 1 个;碳钢电极 2 个(研究电极、辅助电极各 1 支);三室电解槽(图 6-3)1 只;氮气钢瓶 1 个。

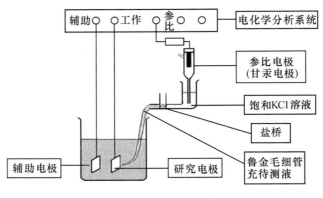

图 6-3　三室电解槽

试剂：$(NH_4)_2CO_3$（$2mol \cdot L^{-1}$）；H_2SO_4（$0.5mol \cdot L^{-1}$）；H_2SO_4（$0.5mol \cdot L^{-1}$）+ KCl（$5.0 \times 10^{-3} mol \cdot L^{-1}$）；$H_2SO_4$（$0.5mol \cdot L^{-1}$）+ KCl（$0.1mol \cdot L^{-1}$）。

五、实验内容

1.碳钢预处理。

用金相砂纸将碳钢研究电极打磨至镜面光亮，在丙酮中除油后，留出 $1cm^2$ 面积，用石蜡涂封其余部分。以另一碳钢电极为阳极、处理后的碳钢电极为阴极，在 $0.5mol \cdot L^{-1}$ H_2SO_4 溶液中控制电流密度为 $5mA \cdot cm^{-2}$，电解 10min，去除电极上的氧化膜，然后用蒸馏水洗净备用。

2.电解线路连接。

将 $2mol \cdot L^{-1}$ $(NH_4)_2CO_3$ 溶液倒入电解池中，按照图 6-3 中所示安装好电极并与相应恒电位仪上的接线柱相接，将电流表串联在电流回路中。通电前在溶液中通入 N_2 5～10min，以除去电解液中的氧。为保证除氧效果，可打开电磁搅拌器。

3.恒电位法测定阳极和阴极极化曲线。

（1）阶跃法

开启恒电位仪，先测"参比"对"研究"的自腐电位（电压表示数应该在 0.8V 以上方为合格，否则需要重新处理研究电极），然后调节恒电位仪从 +1.2V 开始，每次改变 0.02V，逐点调节电位值，同时记录其相应的电流值，直到电位达到 -1.0V 为止。

（2）慢扫描法

① 测试仪器以 LK98-Ⅱ 为例。

② 将测试体系的研究电极、辅助电极和参比电极分别和仪器上对应的接线柱相连。

③ 在 windows98 操作平台下运行"LK98BⅡ"，进入主控菜单。打开主机电源开关，按下主机前面板的"RESET"键，主控菜单显示"系统自检通过"，否则应重新检查各连接线。

④ 选择仪器所提供的方法中的"线性扫描伏安法"。"参数设定"口，"初始电位"设为 -1.2V，"终止电位"设为 1.0V，"扫描速度"设为 $10mV \cdot s^{-1}$，"等待时间"设为 120s。选择"控制"子菜单中的"开始实验"，记录并保存实验结果。

⑤ 依次降低扫描速度至所得曲线不再明显变化。保存该曲线为实验测定的稳态极化曲线。

4.恒电流法测定阳极极化曲线。

采用阶跃法。恒定电流值从 0mA 开始，每次变化 0.5mA，并测量相应的电极电势值，直到所测电极电势突变后，再测定数个点为止。

【注意事项】

1.按照实验要求，严格进行电极处理。

2.将研究电极置于电解槽时，要注意与鲁金毛细管之间的距离每次应保持一致。研究电极与鲁金毛细管应尽量靠近，但管口离电极表面的距离不能小于毛细管本身的直径。

3.考察 Cl^- 对镍阳极钝化的影响时，测试方式和测试条件等应保持一致。

4.每次做完测试后，应先确认恒电位仪或电化学综合测试系统在非工作的状态下，再

第6章 电化学

关闭电源,取出电极。

【思考题】

1.比较恒电流法和恒电位法测定极化曲线有何异同,并说明原因。

2.测定阳极钝化曲线为何要用恒电位法?

3.做好本实验的关键有哪些?

六、数据记录与处理

1.将阶跃法测试的数据应列表。

2.以电流密度为纵坐标、电极电势(相对饱和甘汞)为横坐标,绘制极化曲线。

3.讨论所得实验结果及曲线的意义,指出钝化曲线中的活性溶解区、过渡钝化区、稳定钝化区、过钝化区,并标出临界钝化电流密度(电势)、维钝电流密度等数值。

4.讨论 Cl^- 对镍阳极钝化的影响。

参考文献

1.复旦大学等编.物理化学实验(第3版).北京:高等教育出版社,2004

2.北京大学物理化学教研室教学组编.物理化学实验.北京:北京大学出版社,1981

3.清华大学物理化学实验编写组编.物理化学实验.北京:清华大学出版社,1991

(钟爱国编)

实验 9 电导法测定弱电解质醋酸溶液的电离常数

一、实验目的

1.了解溶液电导、电导率的基本概念,学会电导率仪的使用方法。

2.掌握溶液电导率的测定及应用,并计算弱电解质溶液的电离常数。

二、实验原理

AB 型弱电解质在溶液中电离达到平衡时,电离平衡常数 K_C 与原始浓度 c 和电离度 α 有以下关系:

$$K_C = \frac{c\alpha^2}{1-\alpha} \qquad (6-7)$$

在一定温度下 K_C 是常数,因此可以通过测定 AB 型弱电解质在不同浓度时的 α 代入式(6-7)求出 K_C。

醋酸溶液的电离度可用电导法来测定,图 6-4 是用来测定溶液电导的电导池。

将电解质溶液注入电导池内,溶液的电导 G 与两电极之间的距离 l 成反比,与电极的面积 A 成正比:

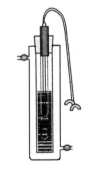

图 6-4 恒温电导池

$$G = \kappa A / l \qquad (6-8)$$

式中: l/A 为电导池常数,以 K_{cell} 表示;κ 为电导率,其物理意义为在两平行且相距 1m、面积均为 1m² 的两电极间电解质溶液的电导,其单位为 $S \cdot m^{-1}$。

由于电极的 l 和 A 不易精确测量,因此实验中用一种已知电导率值的溶液,先求出电导池常数 K_{cell},然后把待测溶液注入该电导池测出其电导值,再根据式(6-8)求其电导率。

溶液的摩尔电导率是指把含有 1mol 电解质的溶液置于相距 1m 的两平行板电极之间的电导。以 Λ_m 表示,其单位为 $S \cdot m^2 \cdot mol^{-1}$。摩尔电导率与电导率的关系为

$$\Lambda_m = \kappa / c \tag{6-9}$$

式中:c 为该溶液的浓度,其单位为 $mol \cdot m^{-3}$。对于弱电解质溶液来说,可以认为

$$\alpha = \Lambda_m / \Lambda_m^{\infty} \tag{6-10}$$

式中:Λ_m^{∞} 是溶液在无限稀释时的摩尔电导率。

将式(6-10)代入式(6-7)可得

$$K_C = \frac{c\Lambda_m^2}{\Lambda_m^{\infty}(\Lambda_m^{\infty} - \Lambda_m)} \tag{6-11}$$

或

$$c\Lambda_m = (\Lambda_m^{\infty})^2 K_C \frac{1}{\Lambda_m} - \Lambda_m^{\infty} K_C \tag{6-12}$$

以 $c\Lambda_m$ 对 $1/\Lambda_m$ 作图,其直线的斜率为 $(\Lambda_m^{\infty})^2 K_C$,若已知 Λ_m^{∞} 值,可求算 K_C。

三、预习要求

1. 理解用电导法测定醋酸的电离平衡常数。

2. 了解电导池、电导池常数、溶液电导(或电导率)等相关基本概念。

3. 了解电桥法测量溶液电导的实验方法和技术。

四、仪器与试剂

仪器:电导率仪 1 台;超级恒温水浴装置 1 套;电导池 1 个;电导电极 1 支;容量瓶(100mL)5 只;移液管(25mL,50mL)各 1 支;洗瓶 1 只;洗耳球 1 个。

试剂:KCl(10.0mol · m^{-3});HAc(100.0mol · m^{-3});CaF$_2$(或 BaSO$_4$、PbSO$_4$)(分析纯)。

五、实验内容

1. 溶液配制。在 100mL 容量瓶中配制浓度为原始醋酸(100.0mol · m^{-3})浓度的 1/4、1/8、1/16、1/32、1/64 的醋酸溶液 5 份。

2. 将恒温槽温度调至(25.0±0.1)℃ 或(30.0±0.1)℃,按图 6-4 所示使恒温水流经电导池夹层。

3. 测定电导水的电导率。用电导水洗涤电导池和铂黑电极两三次,然后注入电导水,恒温后测其电导率值,重复测定三次。

4. 测定电导池常数 K_{cell}。倾去电导池中的蒸馏水。将电导池和铂黑电极用少量 10.00mol · m^{-3}KCl 溶液洗涤两三次后,注入 10.00mol · m^{-3}KCl 溶液。恒温后,用电导率仪测其电导率,重复测定三次。

5. 测定 HAc 溶液的电导率。倾去电导池中的液体,将电导池和铂黑电极用少量待测

溶液洗涤两三次,最后注入待测溶液。恒温约 10min,用电导率仪测其电导率,每份溶液重复测定三次。按照浓度由小到大的顺序,测定 5 种不同浓度 HAc 溶液的电导率。实验完毕后仍将电极浸在蒸馏水中。

【注意事项】

1. 电导池不用时,应将两铂黑电极浸在蒸馏水中,以免干燥致使表面发生改变。

2. 实验中温度要恒定,测量必须在同一温度下进行。恒温槽的温度要控制在(25.0 ± 0.1)℃或(30.0 ± 0.1)℃。

3. 测定前,必须将电导电极及电导池洗涤干净,以免影响测定结果。

【思考题】

1. 为什么要测电导池常数?如何得到该常数?

2. 测电导时为什么要恒温?实验中测电导池常数和溶液电导时,温度是否要一致?

3. 实验中为何用铂黑电极?使用时注意事项有哪些?

4. 本实验的电桥为什么要选择 1000Hz 的交流电源?如为了防止极化,频率高一些不是更好吗?试权衡其利弊。

5. 你能否设计出一个能很准确地测得溶液的电阻(或电导率)的或一个方案携带很方便的、精度不是很高,却能快捷地测出溶液的电阻(或电导率)的产品吗?

六、数据记录与处理

1. 根据 KCl 溶液的电导率值计算电导池常数。

2. 将实验数据列表,并计算醋酸溶液的电离平衡常数。

表 6-3　醋酸溶液的电导实验数据

HAc 原始浓度:_____

c/(mol·m^{-3})	G/S	κ/(S·m^{-1})	Λ_m/(S·m^2·mol^{-1})	Λ_m^{-1}/(S^{-1}·m^{-2}·mol)	$c\Lambda_m$/(S·m^{-1})	α	K_C/(mol·m^{-3})	$\overline{K}_C$/(mol·m^{-3})

3. 按式(6-12)以 $c\Lambda_m$ 对 $1/\Lambda_m$ 作图应得一直线,直线的斜率为 $(\Lambda_m^{\infty})^2 K_C$,由此求得 K_C,并与上述结果进行比较。

参考文献

1. 复旦大学等校编. 物理化学实验. 北京:高等教育出版社,1993

2. 北京大学编. 物理化学实验. 北京:北京大学出版社,1994

3. 南京大学编. 物理化学实验. 南京:南京大学出版社,1997

4. H. D. 克罗克福特等著. 物理化学实验. 郝润蓉等译. 北京:人民教育出版社,1981

(钟爱国编)

实验10　氯离子选择性电极的测试和应用

一、实验目的

1. 了解氯离子选择性电极的基本性能及其测试方法。

2. 掌握用氯离子选择性电极测定氯离子浓度的基本原理。

3. 了解酸度计测量电位差值的使用方法。

二、实验原理

使用离子选择性电极这一分析测量工具,可以通过简单的电势测量直接测定溶液中某一离子的活度。

本实验所用的电极是把 $AgCl$ 和 Ag_2S 的沉淀混合物压成膜片,用塑料管作为电极管,并以全固态工艺制成。其结构如图 6-5 所示。

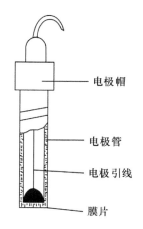

图 6-5　氯离子选择性电极结构示意图

（图中标注：电极帽、电极管、电极引线、膜片）

1. 电极电势与离子浓度的关系

离子选择性电极是一种以电势响应为基础的电化学敏感元件,将其插入待测液中时,在膜-液界面上产生一特定的电势响应值。电势与离子活度间的关系可用能斯特(Nernst)方程表示。

$$E = E^{\ominus} - \frac{RT}{F}\ln a_{Cl^-} \tag{6-13}$$

由于

$$a_{Cl^-} = \gamma c_{Cl^-} \tag{6-14}$$

根据路易斯(Lewis)经验式

$$\log_2 \gamma_{\pm} = -A\sqrt{I} \tag{6-15}$$

式中:A 为常数;I 为离子强度。在测定工作中,只要固定离子强度,则 $\gamma_{\pm}$ 可视作定值,因此式(6-13)可写为

$$E = E^{\ominus\prime} - \frac{RT}{F}\ln c_{Cl^-} \tag{6-16}$$

由式(6-16)可知,E 与 $\ln c_{Cl^-}$ 之间呈线性关系。只要我们测出不同 c_{Cl^-} 值时的电势值 E,作 E-$\ln c_{Cl^-}$ 图,就可了解电极的性能,并可确定其测量范围。氯离子选择性电极的测量范围约为 $10^{-5} \sim 10^{-1}\,mol \cdot L^{-1}$。

2. 离子选择性电极的选择性及选择系数

离子选择性电极对待测离子具有特定的响应特性,但其他离子仍可对其产生一定的干扰。电极选择性的好坏,常用选择系数表示。若以 i 和 j 分别代表待测离子及干扰离

子,则

$$E = E^{\ominus} \pm \frac{RT}{nF} \ln \left(a_i + k_{ij} a_j^{\frac{z_i}{z_j}} \right) \tag{6-17}$$

式中:z_i 及 z_j 分别代表 i 和 j 离子的电荷数;k_{ij} 为该电极对 j 离子的选择系数;"-"及"+"分别适用于阴、阳离子选择性电极。

由式(6-17)可知,k_{ij} 越小,表示 j 离子对被测离子的干扰越小,也就表示电极的选择性越好。通常把 k_{ij} 值小于 10^{-3} 者认为无明显干扰。

当 $z_i = z_j$ 时,测定 k_{ij} 最简单的方法是分别溶液法,就是测定分别具有相同活度的离子 i 和 j 的这两个溶液中的离子选择性电极的电势 E_1 和 E_2,则

$$E_1 = E^{\ominus} \pm \frac{RT}{nF} \ln (a_i + 0) \tag{6-18}$$

$$E_2 = E^{\ominus} \pm \frac{RT}{nF} \ln (0 + k_{ij} a_j) \tag{6-19}$$

因为 $a_i = a_j$,因此得

$$\Delta E = E_1 - E_2 = \pm \frac{RT}{nF} \ln k_{ij} \tag{6-20}$$

对于阴离子选择性电极,由式(6-18)、式(6-19)可得

$$\ln k_{ij} = \frac{(E_1 - E_2) nF}{RT} \tag{6-21}$$

三、预习要求

1. 了解直接电位法测定氯离子含量及溶度积常数的原理和方法。
2. 了解 pHS-2C 型精密酸度计的使用方法。

四、仪器与试剂

仪器:酸度计 1 台;电磁搅拌器 1 台;217 型饱和甘汞电极 1 支;氯离子选择性电极 1 支;容量瓶(1000mL)1 只;容量瓶(100mL)10 只;移液管(50mL)1 支;移液管(10mL)6 支。

试剂:KCl(分析纯);KNO₃(分析纯);Ca(Ac)₂ 溶液(0.1%);风干土壤样品。

五、实验内容

1. 氯离子选择性电极在使用前应先在 $0.001 \mathrm{mol \cdot L^{-1}}$ 的 KCl 溶液中活化 1h,然后在蒸馏水中充分浸泡,必要时可重新抛光膜片表面。

2. 标准溶液的配制。称取一定量干燥的分析纯 KCl 配制成 100mL $0.1 \mathrm{mol \cdot L^{-1}}$ 的标准溶液,再用 $0.1 \mathrm{mol \cdot L^{-1}}$ 的 KNO₃ 溶液将其逐级稀释,配得 $5 \times 10^{-2} \mathrm{mol \cdot L^{-1}}$、$1 \times 10^{-2} \mathrm{mol \cdot L^{-1}}$、$5 \times 10^{-3} \mathrm{mol \cdot L^{-1}}$、$1 \times 10^{-3} \mathrm{mol \cdot L^{-1}}$、$5 \times 10^{-4} \mathrm{mol \cdot L^{-1}}$、$1 \times 10^{-4} \mathrm{mol \cdot L^{-1}}$ 的 KCl 标准溶液。

3. 按图 6-6 所示接好仪器。

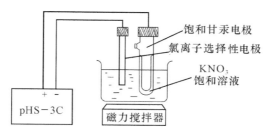

图 6-6　仪器装置示意图

4. 标准曲线的测量。

①仪器校正。参阅第 3 章的有关内容。

②测量。用蒸馏水清洗电极,用滤纸吸干。将电极依次插入从稀到浓的 KCl 标准溶液中,充分搅拌后测出各种浓度标准溶液的稳定电势值。

5. 选择系数的测定。配制 $0.01mol \cdot L^{-1}$ 的 KCl 和 $0.01mol \cdot L^{-1}$ 的 KNO_3 溶液各 100mL,分别测定其电势值。

6. 自来水中氯离子含量的测定。称取 0.1011g KNO_3,置于 100mL 容量瓶中,用自来水稀释至刻度,测定其电势值,从标准曲线上求得相应的氯离子浓度。

7. 土壤中 NaCl 含量的测定。

① 在干燥洁净的烧杯中加入风干土壤样品约 10g,再加入 0.1% $Ca(Ac)_2$ 溶液约 100mL,搅动几分钟,静置澄清或过滤。

② 用干燥洁净的吸管吸取澄清液 30~40mL,放入干燥洁净的 50mL 烧杯中,测定其电势值。

【注意事项】

1. 如果被测信号超出仪器的测量范围或测量端开路时,显示部分会发出闪光表示超载报警。

2. 实验中测出的电势值需反号。

【思考题】

1. 离子选择性电极测试工作中,为什么要调节溶液离子强度?怎样调节?如何选择适当的离子强度调节液?

2. 选择系数 k_{ij} 表示的意义是什么?$k_{ij}>1$ 或 $k_{ij}=1$,分别说明什么问题?

六、数据记录与处理

1. 以标准溶液的 E 对 $\lg c$ 作图,绘制标准曲线。

2. 计算 k_{Cl^-}。

3. 从标准曲线上查出被测自来水中氯离子的浓度。

4. 按下式计算风干土壤样品中 NaCl 含量。

$$w_{NaCl} = \frac{c_x VM}{1000m} \times 100\%$$

式中:c_x 为从标准曲线上查得的样品溶液中 Cl^- 的浓度;M 为 NaCl 的摩尔质量;V 为溶液的体积;m 是风干土壤样品的质量。

参考文献

1. 北京大学化学系物理化学教研室编. 物理化学实验(第3版). 北京: 北京大学出版社, 1995
2. 东北师范大学编. 物理化学实验(第2版). 北京: 高等教育出版社, 1989
3. 罗澄源编. 物理化学实验(第3版). 北京: 高等教育出版社, 1991

(钟爱国编)

实验 11 希托夫法测定离子迁移数

一、实验目的

1. 掌握希托夫法测定离子迁移数的原理及方法。
2. 明确迁移数的概念。
3. 了解电量计的使用原理及方法。

二、实验原理

当电流通过电解质溶液时,溶液中的正、负离子各自向阴、阳两极迁移,由于各种离子的迁移速率不同,各自所带过去的电量也必然不同。每种离子所带过去的电量与通过溶液的总电量之比,称为该离子在此溶液中的迁移数。若正、负离子传递电量分别为 q_+ 和 q_-,通过溶液的总电量为 Q,则正、负离子的迁移数分别为

$$t_+ = q_+/Q \qquad t_- = q_-/Q$$

离子迁移数与浓度、温度、溶剂的性质有关。增加某种离子的浓度,则该离子传递电量的百分数增加,离子迁移数也相应增加;温度改变,离子迁移数也会发生变化,但温度升高,正、负离子的迁移数差异较小;同一种离子在不同电解质中的迁移数是不同的。

离子迁移数可以直接测定,方法有希托夫法、界面移动法和电动势法等。

图 6-7 为希托夫法测定离子迁移数的示意图。将已知浓度的硫酸溶液装入迁移管中,若有 Q 库仑电量通过体系,在阴极和阳极上分别发生如下反应:

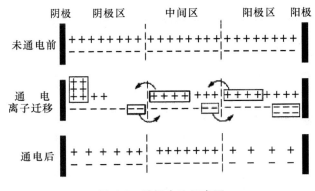

图 6-7 希托夫法示意图

阳极	$2OH^- \rightarrow H_2O + \frac{1}{2}O_2 + 2e$
阴极	$2H^+ + 2e \rightarrow H_2$

此时溶液中 H^+ 离子向阴极方向迁移，SO_4^{2-} 离子向阳极方向迁移。

电极反应与离子迁移引起的总结果是阴极区的 H_2SO_4 浓度减少，阳极区的 H_2SO_4 浓度增加，且增加与减小的浓度数值相等。由于流过小室中每一截面的电量都相同，因此离开与进入假想中间区的 H^+ 离子数相同，SO_4^{2-} 离子数也相同，中间区的浓度在通电过程中保持不变。由此可得计算离子迁移数的公式如下：

$$t_{SO_4^{2-}} = \frac{\Delta n_{阴极区 \frac{1}{2}H_2SO_4} \times F}{Q} = \frac{\Delta n_{阳极区 \frac{1}{2}H_2SO_4} \times F}{Q}$$

$$t_{H^+} = 1 - t_{SO_4^{2-}} \tag{6-22}$$

式中：F 为法拉第（Faraday）常数；Q 为总电量。

图 6-7 所示的三个区域是假想分割的，实际装置必须以某种方式给予满足。图 6-8 的实验装置提供了这一可能，它使电极远离中间区，中间区的连接处又很细，能有效地阻止扩散，保证了中间区浓度不变。式（6－22）中阴极液通电前后 $\frac{1}{2}H_2SO_4$ 减少的量 Δn 可通过下式计算：

$$\Delta n = \frac{(c_0 - c)V}{1000} \tag{6-23}$$

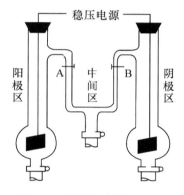

图 6-8　希托夫法装置图

式中：c_0 为 $\frac{1}{2}H_2SO_4$ 原始浓度；c 为通电后 $\frac{1}{2}H_2SO_4$ 浓度；V 为阴极液体积，单位为 mL，由 $V = m/\rho$ 求算，其中 m 为阴极液的质量，ρ 为阴极液的密度（20℃时 0.1mol·L^{-1} H_2SO_4 的 $\rho = 1.002$g·mL^{-1}）。

三、预习要求

1.了解希托夫法测定电解质溶液中离子迁移数的基本原理和操作方法。

2.理解测定 $CuSO_4$ 溶液中 Cu^{2+} 和 SO_4^{2-} 的迁移数的方法。

四、仪器与试剂

仪器：迁移管 1 套；铂电极 2 支；精密稳流电源 1 台；气体电量计 1 套；分析天平 1 台；碱式滴定管（25mL）3 支；三角瓶（100mL）3 只；移液管（10mL）3 支；烧杯（50mL）3 只；容量瓶（250mL）1 只。

试剂：H_2SO_4（化学纯）；NaOH 溶液（0.1000mol·L^{-1}）。

五、实验内容

1.配制 $c_{\frac{1}{2}H_2SO_4}$ 为 0.1mol·L^{-1} 的 H_2SO_4 溶液 250mL，并用标准 NaOH 溶液标定其浓度。用该 H_2SO_4 溶液冲洗迁移管后，装满迁移管。

2.打开气体电量计活塞，移动水准管，使量气管内液面升到起始刻度，关闭活塞，比平后记下液面起始刻度。

3.按图 6-8 所示接好线路，将稳流电源的"调压旋钮"旋至最小处。经教师检查后，接通开关,打开电源开关,旋转"调压旋钮"使电流强度为 $10\sim15mA$,通电约 1.5h 后,立即夹紧两个连接处的夹子,并关闭电源。

4.将阴极液(或阳极液)放入一个已称重的洁净干燥的烧杯中,并用少量 $0.1mol\cdot L^{-1}$ H_2SO_4 液冲洗阴极管(或阳极管),将电解液与洗液一并放入烧杯中,然后称重。中间区的溶液放入另一洁净干燥的烧杯中。

5.取 10mL 阴极液(或阳极液)放入三角瓶内,用标准 NaOH 溶液标定。再取 10mL 中间液标定之,检查中间液浓度是否变化。

6.轻弹量气管,待气体电量计气泡全部逸出,比平后记录液面刻度。

【注意事项】

1.电量计使用前应检查是否漏气。

2.通电过程中,迁移管应避免振动。

3.中间管与阴极管、阳极管连接处不留气泡。

4.阴极管、阳极管上端的塞子不能塞紧。

【思考题】

1.如何保证电量计中测得的气体体积是在实验大气压下的体积?

2.中间区浓度改变说明什么? 如何防止?

3.为什么不用蒸馏水而用原始溶液冲洗电极?

六、数据记录与处理

1.将所测数据填入下表。

表 6-4　电解质溶液离子迁移数数据

室温:_____;大气压:_____;饱和水蒸气压:_____;气体电量计产生气体体积:_____;
标准 NaOH 溶液浓度:_____

溶液	$m_{烧杯}/g$	$m_{烧杯+溶液}/g$	$m_{溶液}/g$	V_{NaOH}/mL	$c_{\frac{1}{2}H_2SO_4}/(mol\cdot L^{-1})$

2.计算通过溶液的总电量 Q。

3.计算阴极液通电前后 $\frac{1}{2}H_2SO_4$ 减少的量 Δn。

4.计算离子的迁移数 t_{H^+} 及 $t_{SO_4^{2-}}$。

参考文献

1.北京大学化学系物理化学教研室编.物理化学实验(第 3 版).北京:北京大学出版社,1995

2.东北师范大学.物理化学实验(第 2 版).北京:高等教育出版社,1989

(钟爱国编)

习　题

1.在实验 7 中,对消法测电动势的基本原理是什么? 为什么用伏特表不能准确测定电池电动势?

答:对消法就是用一个与原电池反向的外加电压,电池电压相抗,使回路中的电流趋近于零,只有这样才能使测出来的电压为电动势。电动势指的就是当回路中电流为零时电池两端的电压,因而必须想办法使回路中电流为零。用伏特表测定电池电动势的时候,回路中的电流不为零,测出的电池两端的电压比实际的电动势要小,因此用伏特表不能准确测定电池电动势。

2.在实验 7 中,参比电极应具备什么条件? 它有什么功用? 盐桥有什么作用? 应选择什么样的电解质作盐桥?

答:参比电极一般用电势值已知且较恒定的电极,它在测量中可作为标准电极使用,在实验中我们测出未知电极和参比电极的电位差后就可以直接知道未知电极的电势。盐桥起到降低液接电势和使两种溶液相连构成闭合电路的作用。作盐桥的电解质,应该不与两种电解质溶液反应且阴、阳离子的迁移数相等,而且浓度要高。

3.在实验 7 中,电动势的测量方法属于平衡测量,测量过程应尽可能地在可逆条件下进行。为此,应注意些什么?

答:在电池回路接通之前应该让电池稳定一段时间,让离子交换达到相对平衡的状态;在接通回路之前应先估算电池电动势,然后按待测电池电动势的估算值调节电位差计旋钮,避免测量时回路中有较大电流。

4.在实验 7 中,对照理论值和实验测得值,分析误差产生的原因。

答:原电池电动势测定结果的误差来源很多:标准电池工作时间过长,长时间有电流通过,标准电动势偏离;盐桥受污染;饱和甘汞电极电势不稳定;未能将电位差计旋钮设定在待测电池电动势应有的大体位置,使待测电池中有电流通过等等。

5.在实验 7、8 中,在精确实验时,需要在原电池中通入氮气,它的作用是什么?

答:除去溶液中的氧气,以避免氧气参与电极反应,腐蚀电极等。

第 7 章　化学动力学

实验 12　蔗糖转化反应速率常数的测定

一、实验目的

1.掌握旋光仪的使用方法。

2.了解旋光度与反应物浓度之间的关系。

3.测定蔗糖转化反应的反应速率常数和半衰期。

二、实验原理

蔗糖转化反应为

$$C_{12}H_{22}O_{11}(蔗糖) + H_2O \xrightarrow{H^+} C_6H_{12}O_6(葡萄糖) + C_6H_{12}O_6(果糖)$$

该反应为二级反应,在纯水中此反应的速率极慢,通常需要在 H^+ 离子催化作用下进行。由于反应时水是大量存在的,尽管有部分水分子参加了反应,仍可近似地认为整个反应过程中水的浓度基本是恒定的,而且 H^+ 是催化剂,其浓度也保持不变。因此,在一定的酸度下,反应速率只与蔗糖的浓度有关,因此该反应可视为一级反应(动力学中称为准一级反应)。一级反应的速率方程可表示为

$$-\frac{dc}{dt} = kc \qquad (7-1)$$

式中:k 为反应速率常数;c 为时间 t 时的反应物浓度。积分得

$$\ln c = -kt + \ln c_0 \qquad (7-2)$$

式中:c_0 为反应开始时反应物浓度。

当 $c = 0.5c_0$ 时,可用 $t_{1/2}$ 表示,即为反应半衰期

$$t_{1/2} = \ln 2/k \qquad (7-3)$$

从式(7-2)可以看出,在不同时间测定反应物的相应浓度,并以 $\ln c$ 对 t 作图,可得一直线,由直线斜率即可得反应速率常数 k。然而反应是在不断进行的,要快速分析出反应物的浓度较为困难。但蔗糖及其转化物都具有旋光性,而且它们的旋光能力不同,故可以利用体系在反应过程中旋光度的变化来衡量反应的进程。

测量物质旋光度的仪器称为旋光仪。溶液的旋光度与溶液中所含物质的种类、浓度、溶剂的性质、液层厚度、光源波长及温度等因素有关。为了量度各种物质的旋光能力,引入"比旋光度"的概念(详见本教材 P19)。

由式(4-1)可知,当其他条件不变时,旋光度 α 与浓度 c 成正比,即

$$\alpha = \beta c \qquad (7-4)$$

式中:β 是一个与物质旋光能力、液层厚度、溶剂性质、光源波长、温度等因素有关的常数。

当温度、波长及溶剂一定时,各种旋光物质的 $[\alpha]_D^T$ 为定值。如以水为溶剂,蔗糖的 $[\alpha]_D^{20℃}=66.6°$,葡萄糖的 $[\alpha]_D^{20℃}=52.5°$,果糖的 $[\alpha]_D^{20℃}=-91.9°$。由于生成物中果糖的左旋性比葡萄糖右旋性大,因此生成物呈现左旋性质。因此,随着反应的进行,系统的右旋角不断减小,反应至某一瞬间,系统的旋光度可恰好等于零,而后就变成左旋,直至蔗糖完全转化,这时左旋角达到最大值 α_∞。

设系统最初的旋光度为

$$\alpha_0=\beta_{反}c_0 \quad (t=0,蔗糖尚未转化) \tag{7-5}$$

系统最终的旋光度为

$$\alpha_\infty=\beta_{生}c_0 \quad (t=\infty,蔗糖已完全转化) \tag{7-6}$$

式中:$\beta_{反}$ 和 $\beta_{生}$ 分别为反应物与生成物的比例常数。

当时间为 t 时,蔗糖浓度为 c,此时旋光度为 α_t,即

$$\alpha_t=\beta_{反}c+\beta_{生}(c_0-c) \tag{7-7}$$

由式(7-5)、(7-6)和(7-7)联立可解得

$$c_0=(\alpha_0-\alpha_\infty)/(\beta_{反}-\beta_{生})=\beta'(\alpha_0-\alpha_\infty) \tag{7-8}$$

$$c=(\alpha_t-\alpha_\infty)/(\beta_{反}-\beta_{生})=\beta'(\alpha_t-\alpha_\infty) \tag{7-9}$$

将式(7-8)和(7-9)代入式(7-2)即得

$$\ln(\alpha_t-\alpha_\infty)=-kt+\ln(\alpha_0-\alpha_\infty) \tag{7-10}$$

显然,以 $\ln(\alpha_t-\alpha_\infty)$-$t$ 作图可得一直线,从直线斜率即可求得反应速率常数 k,进而求得反应半衰期 $t_{1/2}$。

三、预习要求

1.了解旋光仪的原理和使用方法。

2.了解一级反应、反应速率常数、半衰期等相关理论知识。

3.理解反应物浓度与旋光度之间的关系。

四、仪器与试剂

仪器:旋光仪1套;恒温槽1个;秒表1只;天平1台;烧杯(150mL)1只;玻棒1根;叉形管1支;移液管(25mL)2支。

试剂:蔗糖(分析纯);HCl溶液($2.0mol\cdot L^{-1}$)。

五、实验内容

1.开启旋光仪,预热 20min。开启水浴恒温槽的电源开关和搅拌,并将两个水浴恒温槽的温度分别控制在 25℃和 60℃。

2.称取 20g 左右的固体蔗糖,将其倒入 150mL 烧杯中,量取 100mL 蒸馏水将蔗糖完全溶解,配制成浓度为 $0.2kg\cdot L^{-1}$ 溶液,备用。

3.取两支 25mL 移液管,分别移取 25mL 蔗糖溶液和 25mL $2.0mol\cdot L^{-1}$ 盐酸溶液于叉形管的直管和支管中(此时不混合),塞上塞子,悬于 25℃恒温水浴中 5~10min,待用。

4.旋光仪零点校正。蒸馏水为非旋光物质,可用它校正仪器的零点。洗净旋光管,将旋光管的一端盖子旋紧,由另一端加入蒸馏水,然后旋紧套盖,不要过紧,以不漏水为准。如果管中有气泡,可将气泡导入旋光管凸颈部分。用滤纸将旋光管外部擦干。旋光管两

端的玻璃片可用镜头纸擦净。按下"测量"键,使液晶屏有数字显示。打开光源,把盛满蒸馏水的长度合适的旋光管放入旋光仪内,盖上盖子,测其旋光度,待示数稳定后,按"清零"键即可(本实验可以不校正零点)。

5. 测定 α_t。取出叉形管迅速将盐酸溶液倒入蔗糖溶液中,并混合均匀,同时开始计时(作为反应开始的时间)。用少量混合液润洗旋光管两三次后,将混合液加入旋光管内,将旋光管外壁和两端的玻璃片擦干后置于旋光仪中(剩余的溶液仍保留在叉形管中,用塞子塞好,置于 60℃ 的恒温水浴中,待测定 α_∞ 时使用),到 5min 时测其旋光度,然后再到 10min 时测其旋光度……如此每隔 5min 测一次旋光度 α_t,共测八组实验数据并记录。

6. 测定 α_∞。将上述在 60℃ 的恒温水浴中恒温 30min 后的叉形管取出(可认为蔗糖水解完全),悬于 25℃ 的恒温水浴中恒温 5~10min 后,测定其旋光度值,即为 25℃ 时的 α_∞ 值。

【注意事项】

1. 一定要将盐酸溶液加到蔗糖溶液中去。

2. 光路中不能有气泡,也不能漏液。

3. 旋光管放入旋光仪内部后旋光度会呈现一定变化,需待数值稳定后再读取。

4. 洗净旋光管,防止酸对其的腐蚀,放好,千万别让它滚动。

【思考题】

1. 配制蔗糖溶液时称量不够准确,对测量结果 k 有无影响?若是盐酸的体积不准呢?

2. 在混合蔗糖溶液和盐酸溶液时,我们将盐酸溶液加到蔗糖溶液里去,可否将蔗糖溶液加到盐酸溶液中?为什么?

3. 测定最终旋光度时,为了加快蔗糖水解进程,采用 60℃ 左右的恒温使反应进行到底,为什么不能采用更高的温度进行恒温?

4. 在旋光度的测量中,为什么要对零点进行校正?在本实验中若不进行校正,对结果是否有影响?

5. 记录反应开始的时间晚了一些,是否会影响到 k 值的测定?为什么?

六、数据记录与处理

1. 将实验数据填入下表。

表 7-1 蔗糖溶液水解实验数据

室温:_____;大气压:_____;c_{HCl}:_____;恒温槽温度:_____;α_∞:_____

t/min	5	10	15	20	25	30	35	40
α_t/°								
$(\alpha_t - \alpha_\infty)$/°								
$\ln(\alpha_t - \alpha_\infty)$								

2. 以 $\ln(\alpha_t - \alpha_\infty)$ 对 t 作图,由直线斜率求反应速率常数 k,并计算反应半衰期 $t_{1/2}$。

参考文献

上官荣昌. 物理化学实验(第 2 版). 北京:高等教育出版社,2003

实验 13　乙酸乙酯皂化反应速率常数的测定

一、实验目的

1. 用电导法测定乙酸乙酯皂化反应的速率常数和活化能。
2. 了解二级反应的特点,学会用图解法求二级反应的速率常数。
3. 熟悉电导率仪的使用方法。

二、实验原理

对于二级反应:

$$A + B \rightarrow 产物$$

如果 A、B 两物质起始浓度相同,均为 a,反应速率的表示式为

$$\frac{dx}{dt} = k(a-x)^2 \tag{7-11}$$

式中:x 为 t 时刻生成物的浓度;k 为二级反应速率常数。将上式积分得

$$k = \frac{1}{ta} \cdot \frac{x}{(a-x)} \tag{7-12}$$

实验测得不同 t 时的 x 值,按式(7-12)计算相应的反应速率常数 k。如果 k 值为常数,证明该反应为二级。通常,以 $\frac{x}{a-x}$ - t 作图,若所得为直线,证明为二级反应,并可从直线的斜率求出 k,k 的单位是 $L \cdot mol^{-1} \cdot min^{-1}$(SI 单位是 $m^3 \cdot mol^{-1} \cdot s^{-1}$)。因此在反应进行过程中,只要能够测出反应物或生成物的浓度,即可求得该反应的 k。

温度对化学反应速率的影响常用阿累尼乌斯(Arrhenius)方程描述。

$$\frac{d\ln k}{dT} = \frac{E_a}{RT^2} \tag{7-13}$$

式中:E_a 为反应的活化能。假定活化能是常数,测定了两个不同温度下的速率常数 k_2 与 k_1 后可以按下式计算反应的活化能 E_a

$$E_a = R\left(\frac{T_1 T_2}{T_2 - T_1}\right)\ln\frac{k_2}{k_1} \tag{7-14}$$

乙酸乙酯皂化反应是一个典型的二级反应,其反应式为

$$CH_3COOC_2H_5 + OH^- \rightarrow CH_3COO^- + C_2H_5OH$$

反应系统中,OH^- 电导率大,CH_3COO^- 电导率小。因此,随着反应的进行,电导率大的 OH^- 逐渐被电导率小的 CH_3COO^- 所取代,溶液的总电导率有显著降低。对于稀溶液,强电解质的电导率 κ 与其浓度成正比,而且溶液的总电导率就等于组成该溶液的电解质的电导率之和。若乙酸乙酯皂化反应在稀溶液中进行,则存在如下关系式

$$\kappa_0 = A_1 a \tag{7-15}$$

$$\kappa_\infty = A_2 a \tag{7-16}$$

$$\kappa_t = A_1(a-x) + A_2x \tag{7-17}$$

式中：A_1、A_2 是与温度、电解质性质和溶剂等因素有关的比例常数；κ_0、κ_t、κ_∞ 分别为反应开始、反应时间为 t 和反应终了时溶液的总电导率。由式(7-15)～(7-17)可得

$$x = \left(\frac{\kappa_0 - \kappa_t}{\kappa_0 - \kappa_\infty}\right)a \tag{7-18}$$

代入式(7-12)并整理可得

$$\kappa_t = \frac{1}{ak} \cdot \frac{\kappa_0 - \kappa_t}{t} + \kappa_\infty \tag{7-19}$$

因此，以 $\kappa_t - \dfrac{\kappa_0 - \kappa_t}{t}$ 作图为一直线即说明该反应为二级反应，且由直线的斜率可求得反应速率常数 k。由两个不同温度下测得的速率常数 $k(T_1)$ 与 $k(T_2)$ 可以求出反应的活化能 E_a。由于溶液中的化学反应实际上非常复杂，如上所测定和计算的是表观活化能。

三、预习要求

1. 了解电导法测定乙酸乙酯皂化反应速率常数的原理。

2. 理解图解法求出二级反应速率常数的方法。

3. 了解测定乙酸乙酯皂化反应的活化能的方法。

四、仪器与试剂

仪器：电导率仪 1 台；叉形电导池 1 个；恒温槽 1 套；秒表 1 只；移液管(20mL)5 支；容量瓶(100mL)2 只；直形大试管 1 个。

试剂：$CH_3COOC_2H_5$ 溶液(0.2000mol·L^{-1}，新鲜配制)；NaOH 溶液(0.2000mol·L^{-1}，新鲜配制)

五、实验内容

1. 配制溶液。

① 0.0200mol·L^{-1} $CH_3COOC_2H_5$ 溶液：用移液管准确量取 10mL 0.2000mol·L^{-1} $CH_3COOC_2H_5$ 标准溶液，移入 100mL 容量瓶中，用蒸馏水稀释至刻度。

② 0.0200mol·L^{-1} NaOH 溶液：用移液管准确量取 10mL 0.2000mol·L^{-1} NaOH 标准溶液，移入 100mL 容量瓶中，用蒸馏水稀释至刻度。

2. 调节电导率仪。电导率仪的原理和使用方法参见本教材 P12～14。

3. 25℃时 κ_t 和 κ_0 的测定。

(1) κ_t 的测定。

① 调节恒温槽温度至 25±0.05℃。

② 将一个干燥洁净的叉形电导池置于恒温槽中，首先用移液管取 20mL 0.0200mol·L^{-1} NaOH 溶液加入 B 池，然后再移取 20mL 0.0200mol·L^{-1} $CH_3COOC_2H_5$ 溶液加入 A 池，塞好塞子。将电极用蒸馏水洗净，用滤纸将电极上挂的少量水吸干(不要碰着铂黑)后插入 A 池，溶液液面应高出铂黑片约 2cm。

③ 将叉形电导池放到恒温槽内恒温 10min，倾斜电导池，让 B 池内的溶液和 A 池内的溶液来回混合均匀，同时在开始混合时按下秒表，开始记录时间。

④ 接通电极及电导率仪准备连续测量。由于该反应有热效应,开始反应时温度不稳定,影响电导率值。因此,第一个电导率数据可在反应进行到 6min 时读取,以后每隔 3min 测定一次,直至 30min。

(2)κ_0 的测定。

取一洁净的大试管,用移液管加入 20mL 新配制的 $0.0200\text{mol} \cdot \text{L}^{-1}$ NaOH 溶液和 20mL 蒸馏水,混合均匀后,置于恒温槽中。用蒸馏水将铂黑电极淋洗 3 次,再用滤纸吸干电极上的水,插入大试管中塞好塞子。恒温 10min 后,测定其电导率,直至稳定不变为止,即为 25℃时的 κ_0。

4. 35℃时 κ_t 和 κ_0 的测定。

① 调节恒温槽的温度,控制在 35 ± 0.05℃,重复上述实验步骤 3(1)中②～④的操作,并记录在该温度下反应进行到不同时刻时溶液的 κ_t。

② 取步骤 3 中的大试管中的溶液,放于恒温槽中于 35℃下继续恒温 10min,测得的电导率即为 κ_0。

5. 结束。关闭电源,取出电极,将铂黑电极用蒸馏水淋洗干净并浸泡在蒸馏水里,把双管电导池洗净并置于热风干燥器上待用。

【注意事项】

1. 分别向叉形电导池 A 池、B 池注入 NaOH 和 $CH_3COOC_2H_5$ 溶液时,一定要小心,严格分开恒温。

2. 所用的溶液必须新鲜配制,而且所用 NaOH 和 $CH_3COOC_2H_5$ 溶液浓度必须相等。

3. 混合使反应开始时,同时按下秒表计时,保证计时的连续性,直至实验结束(读完 κ_t)。

4. 保护好铂黑电极,电极插头要插入电导率仪上电极插口内(到底),一定要固定好。

5. 每次测量时,必先校正至满度。

6. 所用实验仪器均需干燥。

【思考题】

1. 为什么实验用 NaOH 和 $CH_3COOC_2H_5$ 溶液应新鲜配制?

2. 为何本实验要在恒温条件下进行,而且 $CH_3COOC_2H_5$ 和 NaOH 溶液在混合前还要预先恒温?混合时能否在将 NaOH 溶液倒入 $CH_3COOC_2H_5$ 溶液中一半时开始计时?这与蔗糖水解混合溶液顺序有何不一样,为什么?

3. 被测溶液的电导率是哪些离子的贡献?反应进程中溶液的电导率为何减少?

4. 为什么要使两种反应物的浓度相等?为什么说所配得的两种反应物的初始浓度应适当稀才好?

5. 本实验需测得 κ_0、κ_∞、κ_t 值,电导电极应放在哪个支管中?所测值是电导值还是电导率值?与所加溶液的量有关吗?

六、数据记录与处理

1. 列表记录实验数据。

表 7-2　乙酸乙酯皂化反应数据

室温：_____；大气压：_____；恒温槽温度：_____

t/min	$\kappa_t/(\text{S}\cdot\text{m}^{-1})$	$\kappa_0-\kappa_t/(\text{S}\cdot\text{m}^{-1})$	$\dfrac{\kappa_0-\kappa_t}{t}/(\text{S}\cdot\text{m}^{-1}\cdot\text{s}^{-1})$
6			
9			
12			
15			
18			
21			
24			
27			
30			

2.分别以 25、35℃时的 κ_t-$\dfrac{\kappa_0-\kappa_t}{t}$ 作图,得一直线。

3.由直线斜率计算 25、35℃时反应速率常数 k。

4.由 298、308K 所求出的 k(298K)、k(308K),并计算该反应的活化能 E_a。

参考文献

1.胡英主编.物理化学(第 4 版).北京:高等教育出版社,1999

2.李吕焯主编.物理化学(第 2 版).北京:高等教育出版社,1994

（金燕仙编）

实验 14　复杂反应——丙酮碘化

一、实验目的

1.测定用酸作催化剂时丙酮碘化反应的反应速率常数、反应级数,建立反应速率方程式。

2.通过实验加深对复杂反应特征的理解。

3.进一步掌握分光光度计的使用方法。

二、实验原理

在酸性溶液中,丙酮碘化反应是一个复杂反应,初级阶段的反应为

$$CH_3COCH_3+I_2\rightarrow CH_3COCH_2I+H^++I^- \tag{7-20}$$

H^+ 是该反应的催化剂。因反应中有 H^+ 生成,故这是一个自催化反应。随着反应的进行,产物中 H^+ 浓度增加,反应速率愈来愈快。假设丙酮碘化反应速率方程式为

$$r = -dc_{I_2}/dt = kc_{CH_3COCH_3}^p c_{I_2}^q c_{H^+}^s \tag{7-21}$$

当 $c_{H^+,2} = c_{H^+,1}$，$c_{I_2,2} = c_{I_2,1}$，$c_{CH_3COCH_3,2} = uc_{CH_3COCH_3,1}$ 时

则

$$r_2/r_1 = \frac{kc_{CH_3COCH_3,2}^p}{kc_{CH_3COCH_3,1}^p} = u^p \tag{7-22}$$

$$p = \frac{\lg(r_2/r_1)}{\lg u} \tag{7-23}$$

同理，当 $c_{CH_3COCH_3,3} = c_{CH_3COCH_3,1}$，$c_{I_2,3} = c_{I_2,1}$，$c_{H^+,3} = wc_{H^+,1}$ 时

则

$$s = \frac{\lg(r_3/r_1)}{\lg w} \tag{7-24}$$

同理，当 $c_{CH_3COCH_3,4} = c_{CH_3COCH_3,3}$，$c_{H^+,4} = c_{H^+,3}$，$c_{I_2,4} = xc_{I_2,3}$ 时

则

$$q = \frac{\lg(r_4/r_3)}{\lg x} \tag{7-25}$$

由于反应并不停留在一元碘代丙酮阶段，会继续进行下去，因此采取初始速率法，测定反应开始一段时间内的反应速率。

事实上，在本实验条件下（酸浓度较低），丙酮碘化反应对碘是零级的，即 $q=0$。如果反应物碘是少量的，而丙酮和酸是相对过量的，反应速率可视为常数，直到碘全部消耗。即

$$r = -dc_{I_2}/dt = kc_{CH_3COCH_3}^p c_{H^+}^s \tag{7-26}$$

积分得

$$c_{I_2} = -rt + C \tag{7-27}$$

因为碘溶液在可见光区有比较宽的吸收带，在这个吸收带中，本反应的其他物质盐酸、丙酮、碘化酮和碘化钾没有明显的吸收，因此可以通过分光光度法测定 I_2 浓度的减小值来跟踪反应的进程。

根据朗伯-比尔定律，在某指定波长下，I_2 溶液对单色光的吸收遵守下列关系式

$$A = Klc_{I_2} \tag{7-28}$$

式中：A 为吸光度；l 为溶液的光径长度；K 为摩尔吸光系数。由式（7-27）和式（7-28）得

$$A = -Klrt + B \tag{7-29}$$

以 A 对时间 t 作图得一直线，由直线斜率 m 可求得反应速率 r，即

$$r = -m/Kl \tag{7-30}$$

式中：Kl 可以通过测定一系列已知浓度的 I_2 溶液的透光率作标准曲线而求得。以 A 对 c_{I_2} 作图，其直线斜率即为 Kl。

根据 CH_3COCH_3、H^+ 的分级数、浓度和反应速率的数据，利用式（7-21）可以计算得到反应速率常数。

三、预习要求

1. 了解用孤立法确定反应级数的方法。

2. 了解用分光光度计测定酸催化作用下丙酮碘化反应的反应速率常数和活化能的实验方法。

四、仪器与试剂

仪器：7200 型分光光度计 1 套；超级恒温槽 1 套；秒表 1 只；碘量瓶（50mL）4 只；容量

瓶(50mL)5 只。

试剂：HCl 标准溶液(1.000mol·L^{-1})；I$_2$ 标准溶液(0.0100mol·L^{-1})；CH$_3$COCH$_3$ 标准溶液(2.000mol·L^{-1})。

五、实验内容

1.开启 7200 型分光光度计，并将波长调节到 560nm，并接通恒温水浴(仪器的使用方法参见 P21～25)。

2.碘溶液标准曲线 A-c$_{I_2}$ 的测定。用移液管分别吸取 2、4、6、8、10mL 的 I$_2$ 标准溶液，分别注入 5～9 号 5 个 50mL 容量瓶中，用蒸馏水稀释至刻度，充分混合后恒温放置 10min，用 5 号瓶中 I$_2$ 溶液荡洗比色皿 3 次后注入适量该溶液，测定瓶中溶液的吸光度。重复测定 3 次，取其平均值。同法依次测定 6～9 号容量瓶中 I$_2$ 溶液的吸光度。每次测定之前，用蒸馏水将吸光度校正至 0。将测得数据填入表 7-4 中。

3.反应动力学曲线 A-t 的测定。取 4 个(编号为 1～4 号)洁净、干燥的 50mL 碘量瓶，用移液管按表 7-3 所示的用量，依次移取 I$_2$ 标准溶液、HCl 标准溶液和蒸馏水，塞好瓶塞，将其充分混合，将它们一起恒温放置。取 1 号瓶，用移液管加入 CH$_3$COCH$_3$ 标准溶液 10mL，迅速摇匀，用此溶液荡洗比色皿 3 次后注入适量该溶液，同时按下秒表，测定吸光度。每隔 1min 读一次吸光度，直到取得 10～12 个数据为止。用同样的方法分别测定 2～4 号溶液在不同反应时间的吸光度。每次测定之前，用蒸馏水将吸光度校正至 0。将测得数据填入表 7-5 中。

表 7-3 I$_2$ 标准溶液、HCl 标准溶液、H$_2$O 和 CH$_3$COCH$_3$ 标准溶液的用量

编号	I$_2$ 标准溶液的用量/mL	HCl 标准溶液的用量/mL	蒸馏水的用量/mL	CH$_3$COCH$_3$ 标准溶液的用量/mL
1	10	10	20	10
2	10	10	15	15
3	10	5	25	10
4	5	5	30	10

【注意事项】

1.反应要在恒温条件下进行，各反应物在混合前必须恒温。

2.严格按 7200 型分光光度计的使用方法进行仪器操作。

【思考题】

1.本实验中，将 CH$_3$COCH$_3$ 溶液加入盛有 I$_2$、HCl 溶液的碘瓶中时，反应即开始，而操作时反应时间却以溶液混合均匀并注入比色皿中才开始计时，这样操作对实验结果有无影响？为什么？

2.影响本实验结果准确度的因素有哪些？

3.起控制作用的反应是什么反应？反应速率与什么因素有关？

4.所选入射光的波长是多少？为什么要固定入射光的波长？

5.溶液的透光率如何变化？为什么？

六、数据记录与处理

1.将实验数据填入下表。

表 7-4　碘溶液标准曲线绘制

室温：_____；大气压：_____；恒温槽温度：_____；c_{HCl}（标准溶液）：_____ mol·L^{-1}；
c_{I_2}（标准溶液）：_____ mol·L^{-1}；$c_{CH_3COCH_3}$（标准溶液）：_____ mol·L^{-1}

编号		5	6	7	8	9
c_{I_2}（标准溶液）/(mol·L^{-1})						
c_{I_2}（稀释后的）/(mol·L^{-1})						
A	1					
	2					
	3					
	平均值					

表 7-5　动力学曲线绘制

t/min		1	2	3	4	5	6	7	8	9	10	11	12
A	1#												
	2#												
	3#												
	4#												

2. 用碘溶液标准曲线绘制表中的数据，以 A 对 c_{I_2} 作图，求其直线斜率 m'（即 κl）。

3. 用动力学曲线绘制表中的数据，分别以 A 对时间 t 作图，可得四条直线。求出各条直线斜率 m_1、m_2、m_3、m_4；根据式（7—30）分别计算反应速率 r_1、r_2、r_3、r_4。

4. 根据式（7—23）和（7—24），计算 CH_3COCH_3 和 H^+ 的分级数 b 和 s，建立丙酮碘化的反应速率方程式。

5. 参照表 7-3 的用量，分别计算 1～4 号容量瓶中 HCl 和 CH_3COCH_3 的初始浓度；再根据式（7—26）分别计算四种不同初始浓度的反应速率常数，并求其平均值。

参考文献

1. 陈龙武，邓希贤，朱长缨，吴子生，臧威成，金虹. 物理化学实验基本技术. 上海：华东师范大学出版社，1986

2. 上官荣昌. 物理化学实验（第 2 版）. 北京：高等教育出版社，2003

（金燕仙编）

实验 15　B-Z 化学振荡反应

一、实验目的

1 了解 Belousov-Zhabotinsky 反应（B-Z 反应）的基本原理及研究化学振荡反应的

方法。

2. 掌握在硫酸介质中以金属铈离子作催化剂时,丙二酸被溴酸氧化的基本原理。

3. 了解化学振荡反应的电势测定方法。

二、实验原理

有些自催化反应有可能使反应体系中某些物质的浓度随时间(或空间)发生周期性的变化,这类反应称为化学振荡反应。

最著名的化学振荡反应是 1959 年首先由别诺索夫(Belousov)观察发现,随后,柴波廷斯基(Zhabotinsky)继续对该反应进行了研究。他们报道了以金属铈离子作催化剂时,柠檬酸被 $HBrO_3$ 氧化可发生化学振荡现象,后来又发现了一批溴酸盐有类似的反应,人们把这类反应称为 B-Z 振荡反应。例如,丙二酸在溶有硫酸铈的酸性溶液中被溴酸钾氧化的反应就是一个典型的 B-Z 振荡反应。

1972 年,Fiel、Koros、Noyes 等人通过实验对上述振荡反应进行了深入研究,提出了 FKN 机理,反应由三个主过程组成:

过程 A　　(1) $Br^- + BrO_3^- + 2H^+ \rightarrow HBrO_2 + HBrO$

　　　　　　(2) $Br^- + HBrO_2 + H^+ \rightarrow 2HBrO$

过程 B　　(3) $HBrO_2 + BrO_3^- + H^+ \rightarrow 2BrO_2 \cdot + H_2O$

　　　　　　(4) $BrO_2 \cdot + Ce^{3+} + H^+ \rightarrow HBrO_2 + Ce^{4+}$

　　　　　　(5) $2HBrO_2 \rightarrow BrO_3^- + H^+ + HBrO$

过程 C　　(6) $4Ce^{4+} + BrCH(COOH)_2 + H_2O + HBrO \longrightarrow 2Br^- + 4Ce^{3+} + 3CO_2 + 6H^+$

过程 A 是消耗 Br^-,产生能进一步反应的 $HBrO_2$、$HBrO$ 为中间产物。

过程 B 是一个自催化过程,在 Br^- 消耗到一定程度后,$HBrO_2$ 才按式(3)、(4)进行反应,并使反应不断加速,与此同时,Ce^{3+} 被氧化为 Ce^{4+}。$HBrO_2$ 的累积还受到式(5)的制约。

过程 C 为丙二酸被溴化为 $BrCH(COOH)_2$,与 Ce^{4+} 反应生成 Br^-,使 Ce^{4+} 还原为 Ce^{3+}。过程 C 对化学振荡非常重要,如果只有 A 和 B,就是一般的自催化反应,进行一次就完成了,正是 C 的存在,以丙二酸的消耗为代价,重新得到 Br^- 和 Ce^{3+},反应得以再启动,形成周期性的振荡。

该体系的总反应为

$$2H^+ + 2BrO_3^- + 3CH_2(COOH)_2 \xrightarrow{Ce^{3+}} 2BrCH(COOH)_2 + 3CO_2 + 4H_2O$$

振荡的控制离子是 Br^-。由上述可见,产生化学振荡需满足三个条件:

① 反应必须远离平衡态。化学振荡只有在远离平衡态,具有很大的不可逆程度时才能发生。在封闭体系中,振荡是衰减的;在敞开体系中,可以长期持续振荡。

② 反应历程中应包含自催化的步骤。产物因此能加速反应,因为是自催化反应,如过程 A 中的产物 $HBrO_2$ 同时又是反应物。

③ 体系必须有两个稳态存在,即具有双稳定性。

化学振荡体系的振荡现象可以通过多种方法观察到,如观察溶液颜色的变化,测定吸光度随时间的变化,测定电势随时间的变化等。

本实验通过测定离子选择性电极上的电势 U 随时间 t 变化的 U-t 曲线来观察 B-Z 反应的振荡现象(图 7-1),同时测定不同温度对振荡反应的影响。根据 U-t 曲线,得到诱导期 $t_诱$ 和振荡周期 $t_{1振}$,$t_{2振}$,$\cdots$。

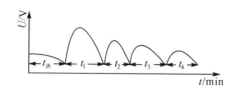

图 7-1 U-t 图

按照文献介绍的方法,依据以下公式,计算出表观活化能 $E_诱$、$E_振$。

$$\ln \frac{1}{t_诱} = -\frac{E_诱}{RT} + C \quad 及 \quad \ln \frac{1}{t_振} = -\frac{E_振}{RT} + C$$

三、预习要求

1. 了解 B-Z 振荡反应的基本原理及研究化学振荡反应的方法。

2. 了解在硫酸介质中以金属铈离子作催化剂时,丙二酸被溴酸钾氧化的基本原理。

3. 了解在实验温度范围内反应的诱导活化能和振荡活化能。

四、仪器与试剂

仪器:超级恒温槽 1 台;电磁搅拌器 1 台;记录仪 1 台(或计算机采集系统 1 套);恒温反应器(50mL)1 台。

试剂:丙二酸(分析纯);溴酸钾(优级纯);硫酸铈铵(分析纯);浓硫酸(分析纯)。

五、实验内容

1. 配制溶液。配制 $0.45\text{mol} \cdot \text{L}^{-1}$ 丙二酸溶液 100mL,$0.25\text{mol} \cdot \text{L}^{-1}$ 溴酸钾溶液 100mL,$3.00\text{mol} \cdot \text{L}^{-1}$ 硫酸溶液 100mL,$4 \times 10^{-3}\text{mol} \cdot \text{L}^{-1}$ 的硫酸铈铵溶液 100mL。

2. 按图 7-2 连接好仪器,打开超级恒温槽,将温度调节到 $(25.0 \pm 0.1)℃$。

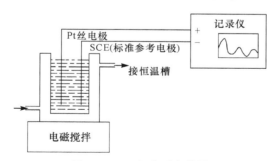

图 7-2 B-Z 振荡反应装置

3. 在恒温反应器中加入已配好的丙二酸溶液 10mL,溴酸钾溶液 10mL,硫酸溶液 10mL,恒温 10min 后加入硫酸铈铵溶液 10mL,观察溶液的颜色变化,同时记录相应的 μ-t 曲线。

4. 按上述方法,改变温度为 $30℃$、$35℃$、$40℃$、$45℃$、$50℃$,重复上述实验。

【注意事项】

1. 实验所用试剂均需用不含 Cl^- 的去离子水配制,而且参比电极不能直接使用甘汞电极。若用 217 型甘汞电极,要用 $1mol \cdot L^{-1} H_2SO_4$ 作液接,可用硫酸亚汞参比电极,也可使用双盐桥甘汞电极,外面夹套中充饱和 KNO_3 溶液,这是因为其中所含 Cl^- 会抑制振荡的发生和持续。配制 $4 \times 10^{-3} mol \cdot L^{-1}$ 的硫酸铈铵溶液时,一定要在 $0.20 mol \cdot L^{-1}$ 硫酸介质中配制,防止发生水解呈混浊。

2. 实验中溴酸钾试剂纯度要求高,所使用的反应容器一定要冲洗干净,对电磁搅拌器中转子位置及速度都必须加以控制。

【思考题】

影响诱导期和振荡周期的主要因素有哪些?

六、数据记录与处理

1. 从 U-t 曲线中得到诱导期和第一、二振荡周期。

2. 根据 $t_{诱}$、$t_{1振}$、$t_{2振}$ 与 T 的数据,作 $\ln(1/t_{诱})$-$1/T$ 和 $\ln(1/t_{1振})$-$1/T$ 图,由直线的斜率求出表观活化能 $E_{诱}$、$E_{振}$。

参考文献

1. 复旦大学等编,庄继华等修订. 物理化学实验(第 3 版). 北京:高等教育出版社,2004

2. 张春晔,赵谦编著. 物理化学实验(第 2 版). 南京:南京大学出版社,2006

（钟爱国编）

实验 16　复相催化甲醇分解

一、实验目的

1. 测量甲醇分解反应中 ZnO 催化剂的催化活性,了解反应温度对催化活性的影响。

2. 熟悉动力学实验中流动法的特点,掌握流动法测定催化剂活性的实验方法。

二、实验原理

催化剂的活性是催化剂催化能力的量度,通常用单位质量或单位体积催化剂对反应物的转化百分率来表示。复相催化时,反应在催化剂表面进行,因此催化剂比表面积(单位质量催化剂所具有的表面积)的大小对活性起主要作用。评价测定催化剂活性的方法大致可分为静态法和流动法两种。静态法是指反应物不连续加入反应器,产物也不连续移去的实验方法;流动法则相反,反应物不断稳定地进入反应器发生催化反应,离开反应器后再分析其产物的组成。使用流动法时,当流动的体系达到稳定状态后,反应物的浓度就不随时间而变化。流动法操作难度较大,计算也比静态法麻烦,保持体系达到稳定状态是其成功的关键,因此各种实验条件(温度、压力、流量等)必须恒定,另外,应选择合理的流速,流速太大时反应物与催化剂接触时间不够,反应不完全,流速太小则气流的扩散影响显著,有时会引起副反应。

本实验采用流动法测量 ZnO 催化剂在不同温度下对甲醇分解反应的催化活性。近

似认为该反应无副反应发生（即有单一的选择性），反应式为

$$CH_3OH(g) \xrightarrow[\Delta]{ZnO \text{ 催化剂}} CO(g)+2H_2(g)$$

反应在如图 7-3 所示的实验装置中进行。氮气的流量由毛细管流速计监控，氮气流经预饱和器、饱和器，在饱和器温度下达到甲醇蒸气的吸收平衡。混合气进入管式炉中的反应管，与催化剂接触而发生反应，流出反应器的混合物中有氮气、未分解的甲醇、产物一氧化碳及氢气。流出气前进时被冰盐冷却剂致冷，甲醇蒸气被冷凝截留在捕集器中，最后由湿式气体流量计测得的是氮气、一氧化碳、氢气的流量。若反应管中无催化剂，则测得的是氮气的流量。根据这两个流量便可计算出反应产物一氧化碳及氢气的体积，据此可获得催化剂的活性大小。

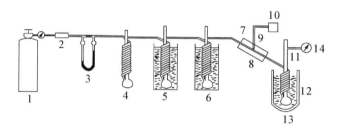

图 7-3　氧化锌活性测量装置

1—氮气钢瓶；2—稳流阀；3—毛细管流速计；4—缓冲瓶；5—预饱和器；

6—饱和器；7—反应管；8—管式炉；9—热电偶；10—控温仪；

11—捕集器；12—冰盐冷却剂；13—杜瓦瓶；14—湿式流量计

指定条件下催化剂的催化活性以 1g 催化剂使 100g 甲醇分解掉的克数表示。

$$催化活性 = \frac{m'_{CH_3OH}}{m_{CH_3OH}} \times \frac{100}{m_{ZnO}} = \frac{n'_{CH_3OH}}{n_{CH_3OH}} \times \frac{100}{m_{ZnO}} \tag{7-31}$$

式中：n_{CH_3OH} 和 n'_{CH_3OH} 分别为进入反应管及分解掉的甲醇的物质的量。

近似认为体系的压力为实验时的大气压，因此有

$$p_{体系} = p_{大气压} = p_{CH_3OH} + p_{N_2} \tag{7-32}$$

式中：p_{CH_3OH} 为温度 T 时的甲醇的饱和蒸气压；p_{N_2} 为体系中 N_2 分压。根据道尔顿分压定律，可得时间 t 内进入反应管的甲醇的物质的量 n_{CH_3OH}。

$$\frac{p_{N_2}}{p_{CH_3OH}} = \frac{X_{N_2}}{X_{CH_3OH}} = \frac{n_{N_2}}{n_{CH_3OH}} \tag{7-33}$$

式中：n_{N_2} 为时间 t 内进入反应管的 N_2 的物质的量；X_{N_2} 为 N_2 的摩尔分数。

由理想气体状态方程可得分解掉甲醇的物质的量 n'_{CH_3OH}。

$$n'_{CH_3OH} = \frac{p_{大气压} V'_{CH_3OH}}{RT}$$

式中：$V'_{CH_3OH} = \dfrac{1}{3} V_{CO+H_2}$；$T$ 为湿式流量计上指示的温度。

三、预习要求

1. 了解测量 ZnO/Al_2O_3 对甲醇分解反应的催化活性。

2.了解流动法测量催化剂活性的实验方法。

四、仪器与试剂

仪器:实验装置(含管式炉、控温仪、饱和器、湿式流量计、氮气钢瓶等)1套。

试剂:甲醇(分析纯);ZnO 催化剂(实验室自制)。

五、实验内容

1.检查装置各部件是否接妥,预饱和器温度为(43.0±0.1)℃,饱和器温度为(40.0±0.1)℃。杜瓦瓶中放入冰盐冷却剂。

2.将空反应管放入管式炉中,按第1篇第2章"压强及真空测量技术"中的说明开启氮气钢瓶,通过稳流阀调节气体流量(观察湿式流量计)在(100±5)mL·min^{-1}内,记下毛细管流速计的压差。开启控温仪,使炉子升温到350℃。在炉温恒定、毛细管流速计压差不变的情况下,每5min记录湿式流量计读数一次,连续记录30min。

3.用粗天平称取4g催化剂,取少量玻璃棉置于反应管中,为使装填均匀,一边向管内装催化剂,一边轻轻转动管子,装完后再于上部覆盖少量玻璃棉以防松散,催化剂的位置应处于反应管的中部。

4.将装有催化剂的反应管装入管式炉中,热电偶刚好处于催化剂的中部,控制毛细管流速计的压差与空管时完全相同,待其不变及炉温恒定后,每5min记录湿式流量计读数一次,连续记录30min。

5.调节控温仪使炉温升至420℃,不换管,重复步骤4的测量。经教师检查数据后停止实验。

【注意事项】

1.实验中应确保毛细管流速计的压差在有无催化剂时均相同。

2.系统必须不漏气。

3.实验前需检查湿式流量计的水平和水位,并预先运转数圈,使水与气体饱和后方可进行计量。

【思考题】

1.为什么氮气的流速要始终保持不变?

2.冰盐冷却剂的作用是什么?是否盐加得越多越好?

3.试讨论本实验评价催化剂的方法有什么优缺点。

4.毛细管流速计与湿式流量计两者有何异同。

六、数据记录与处理

1.以空管及装入催化剂后不同炉温时的流量对时间作图,得三条直线,并由三条直线分别求出30min内通入 N_2 的体积 V_{N_2} 和分解反应所增加的体积 V_{CO+H_2}。

2.计算30min内进入反应管的甲醇质量 m_{CH_3OH}。

3.计算30min内不同温度下,催化反应中分解掉甲醇的质量 m'_{CH_3OH}。

4.计算不同温度下 ZnO 催化剂的活性。

参考文献

1. 张春晔,赵谦编著.物理化学实验(第 2 版).南京:南京大学出版社,2006
2. 金丽萍,邬时清,陈大勇编.物理化学实验(第 2 版).上海:华东理工大学出版社,1999

（钟爱国编）

第 7 章　化学动力学

习　题

1.在实验 12 中,配制蔗糖溶液时称量不够准确,对测量结果 k 有无影响? 若是盐酸的体积不准呢?

答:蔗糖的浓度不影响 $\ln c = -kt + B$ 的斜率,因而蔗糖浓度不准对 k 的测量无影响。H^+ 在该反应体系中作催化剂,它的浓度会影响 k 的大小。

2.在实验 12 中,在混合蔗糖溶液和盐酸溶液时,我们将盐酸溶液加到蔗糖溶液里去,可否将蔗糖溶液加到盐酸溶液中? 为什么?

答:不能。本反应中氢离子为催化剂,如果将蔗糖溶液加到盐酸溶液中,在瞬间体系中氢离子浓度较高,导致反应速率过快,不利于测定。

3.在实验 12 中,测定最终旋光度时,为了加快蔗糖水解进程,采用 60℃ 左右的恒温使反应进行到底,为什么不能采用更高的温度进行恒温?

答:温度过高将会产生副反应,颜色变黄。

4.在实验 12 中,在测量旋光度时,为什么要对零点进行校正? 在实验中若不进行校正,对结果是否有影响?

答:因为除了被测物有旋光性外,溶液中可能还有其他物质有旋光性,因此一般要用试剂空白对零点进行校正。该实验不需要校正,因为在数据记录与处理中用的是两个旋光度的差值。

5.在实验 12 中,记录反应开始的时间晚了一些,是否会影响到 k 值的测定? 为什么?

答:不影响。不同时间所作的直线的位置不同而已,但 k(所作直线的斜率)相同。

6.在实验 13 中,为什么实验用 NaOH 和 $CH_3COOC_2H_5$ 溶液应新鲜配制?

答:氢氧化钠溶液易吸收空气中二氧化碳而变质;乙酸乙酯容易挥发和发生水解反应而使浓度改变。

7.为何实验 13 要在恒温条件下进行,而且 $CH_3COOC_2H_5$ 和 NaOH 溶液在混合前还要预先恒温? 混合时能否在将 NaOH 溶液倒入 $CH_3COOC_2H_5$ 溶液中一半时开始计时?

答:①因为温度对电导有影响。②不能,应刚混合完开始计时。

8.在实验 13 中,被测溶液的电导率是哪些离子的贡献? 反应进程中溶液的电导率为何减少?

答:参与导电的离子有。在反应前后浓度不变,的迁移率比的迁移率大得多。随着时间的增加,不断减少,不断增加,因此,体系的电导率值不断下降。

9.在实验 13 中,为什么要使两种反应物的浓度相等?

答:为了使二级反应的数学公式简化。

10.在实验 14 中,实验时用分光光度计测量什么物理量? 它和碘浓度有什么关系?

答:测量的是溶液的吸光度 A;根据朗伯-比尔定律可知,在指定波长下,所测吸光度与 I_2 溶液浓度成正比关系。

11.在实验 14 中,将 CH_3COCH_3 溶液加入盛有 I_2、HCl 溶液的碘瓶中时,反应即开始,而操作时反应时间却以溶液混合均匀并注入比色皿中才开始计时,这样操作对实验结果有无影响? 为什么?

答:无影响。不同时间所作的直线的位置不同而已,但 k(所作直线的斜率)相同。

12.速率常数 k 与 T 有关,而实验 14 中没有安装恒温装置,这对 k 的影响如何? 所测得的 k 是室温下的 k,还是暗箱温度时的 k?

答:实验的整个过程是在室温下进行的,由于室温在短时间内变化幅度很小,故对 k 的影响不大。所测得的 k 是暗箱温度时的 k。

第8章　表面与胶体化学

实验 17　最大气泡压力法测定溶液表面张力

一、实验目的

1. 测定不同浓度正丁醇($n\text{-}C_4H_9OH$)水溶液的表面张力。
2. 根据溶液表面吸附量与浓度的关系,计算正丁醇分子的横截面积。
3. 掌握最大气泡压力法测定溶液表面张力的原理和技术。

二、实验原理

1. 溶液表面张力的测定

当气泡的曲率半径等于毛细管半径时(图 8-1),气泡的曲率半径最小,附压最大,由拉普拉斯(Laplace)方程得

$$\Delta p_{\max}=\frac{2\gamma}{R} \tag{8-1}$$

因此有

$$\gamma=\frac{1}{2}R\Delta p_{\max}=K'\Delta p_{\max} \tag{8-2}$$

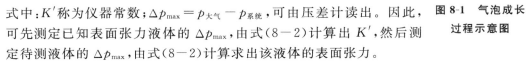

图 8-1　气泡成长过程示意图

式中:K' 称为仪器常数;$\Delta p_{\max}=p_{大气}-p_{系统}$,可由压差计读出。因此,可先测定已知表面张力液体的 $\Delta p_{\max}$,由式(8-2)计算出 K',然后测定待测液体的 $\Delta p_{\max}$,由式(8-2)计算求出该液体的表面张力。

2. 溶质分子的横截面积的求算

吉布斯吸附公式为

$$\Gamma=-\frac{c}{RT}\left(\frac{\partial\gamma}{\partial c}\right)_T \tag{8-3}$$

式中:Γ 为液体表面吸附量;c 为溶液的浓度。

由测得的不同浓度溶液的表面张力数据,用软件 Origin 可拟合 $\gamma\text{-}c$ 的曲线方程

$$\gamma=f(c) \tag{8-4}$$

对式(8-4)求一阶偏导得

$$\gamma'=f'(c)=\left(\frac{\partial\gamma}{\partial c}\right)_T \tag{8-5}$$

把式(8-5)代入式(8-3)即得

$$\Gamma=-\frac{c}{RT}f'(c) \tag{8-6}$$

定温下,表面吸附量与溶液浓度之间的关系亦可用朗格缪尔吸附等温式来表示,即

$$\Gamma = \Gamma_\infty \frac{kc}{1+kc} \qquad (8-7)$$

式中:Γ_∞ 为液体表面饱和吸附量;k 为常数。

式(8-7)化成直线方程:

$$\frac{c}{\Gamma} = \frac{c}{\Gamma_\infty} + \frac{1}{k\Gamma_\infty} \qquad (8-8)$$

以 $\frac{c}{\Gamma}$ - c 作图,可得一直线,其斜率的倒数为 Γ_∞。

在饱和吸附的情况下,溶液本体浓度相对于表面浓度可忽略不计。如吴以 N 代表 $1m^2$ 表面层中溶质的分子数目,则

$$N = \Gamma_\infty N_A \qquad (8-9)$$

式中:N_A 为阿伏伽德罗常数。于是可用下式求得溶质分子的横截面积 A。

$$A = \frac{1}{N} = \frac{1}{\Gamma_\infty N_A} \qquad (8-10)$$

三、预习要求

1. 了解测定溶质分子横截面积的实验原理。

2. 了解最大气泡压力法测定液体表面张力的实验原理和技术。

四、仪器与试剂

仪器:DP-AW 表面张力实验装置1套;超级恒温槽1台;铁架台2只;自击夹3只;洗耳球1个;容量瓶(50mL)6只;移液管(10mL,20mL)各1支。

试剂:纯水;正丁醇水溶液(4%)。

五、实验内容

1. 溶液的配制。分别移取一定量的 4% 正丁醇水溶液注入6个50mL容量瓶中,用水稀释至 0.4%、0.8%、1.2%、1.6%、2.0%、2.4%。

2. 仪器的清洗与组装。将表面张力测定仪用自来水和蒸馏水冲洗,再用待测液润洗后,将样品管固定在铁架台上,并将毛细管插入样品管中(注意使毛细管竖直),如图 8-2 所示(连接口处于断开状态)。

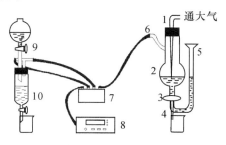

图 8-2　表面张力测定装置示意图

1—毛细管;2—样品管;3—三通旋塞;4—出液口;5—加液侧管;

6—连接口;7—系统连接装置;8—压差计;9—漏斗旋塞;10—滴液瓶

3. 仪器常数的测定。旋转三通旋塞,连通加液侧管和样品管,从加液侧管的加液口中加入纯水,使毛细管管口刚好与样品管内液面相切,然后关闭三通旋塞。用自来水加满滴液瓶后,关闭漏斗旋塞,然后将压差计读数采零(注意:连接口处于断开状态)。连通连接口,使样品管、滴液瓶和压差计构成一封闭系统。打开滴液瓶下面的旋塞,待压差计显示一定值后关闭旋塞,观察压差值若无变化,保持定值,说明系统气密性良好;如不能保持,则需重新连接管路系统。系统气密性良好后,即可打开滴液瓶旋塞,调节滴水速度,尽可能让气泡成单泡逸出,速度以 15 个 · min^{-1} 气泡为宜。待稳定后,读取压差计上绝对值最大的数值,连续读取三次,取平均值。测完后,停止滴液,断开连接口,打开样品管的三通旋塞放出纯水。

【注意事项】

1. 测定用的毛细管一定要洗干净,否则气泡可能不呈单泡逸出,而使压差读数不稳定,如发生此种现象,毛细管应重洗。

2. 毛细管一定要与样品管内液面保持垂直,管口刚好与液面相切。

3. 气泡逸出的速率一定要一致。

4. 要保证系统气密性良好。

【思考题】

1. 用最大气泡压力法测定表面张力时为什么要读最大压差?

2. 为何要控制气泡逸出速率?

3. 本实验需要在恒温下进行吗? 为什么?

4. 毛细管尖端为何必须调节得恰与液面相切? 否则对实验有何影响?

5. 哪些因素影响表面张力测定的结果? 如何减小以及消除这些因素对实验的影响?

六、数据记录与处理

1. 将实验数据填入下表。

表 8-1　正丁醇水溶液表面张力数据

室温:_____;大气压:_____;恒温槽温度:_____

正丁醇质量分数 w/%	压差计读数/kPa			压差计读数平均值/kPa	表面张力 γ/(10^{-3}N · m^{-1})	吸附量 Γ/(10^{-3}mol · m^{-2})	w/Γ
	1	2	3				
0							
0.4							
0.8							
1.2							
1.6							
2.0							
2.4							

2. 从附录 11 中查出 25℃时水的表面张力,利用式(8−2)计算仪器常数及不同浓度正丁醇水溶液的表面张力 γ,且将 γ 值填入表 8-1。

3. 取五六个点,如 w＝0.4%、0.8%、1.2%、1.6%、2.0%、2.4%对应的数据点,根据

式$(8-6)$计算 Γ 值，然后算出 w/Γ 值。

4.以 w/Γ 对 w 作图，从直线斜率求出 Γ_∞，并计算正丁醇分子的横截面积 A。

参考文献

1.罗澄源，向明礼等编.物理化学实验(第 4 版).北京：高等教育出版社，2004

2.孙尔康，徐维清，邱金恒编.物理化学实验.南京：南京大学出版社，1999

（闫华编）

实验 18　胶体的制备与电泳

一、实验目的

1.了解 $Fe(OH)_3$ 溶胶的制备及纯化方法。

2.观察溶胶的电泳现象，了解其电化学性质。

3.掌握电泳法测定胶粒电泳速率的方法，并计算溶胶的 ζ 电位。

二、实验原理

胶体分散系统是一个高分散多相体系。其分散相粒子直径为 $1\sim1000\,nm$。制备溶胶的方法主要有两类：一类是使固体粒子变小的分散法，常用的有研磨法、超声波法、胶溶法和电弧法等；另一类是将分子或离子聚结成胶粒的凝聚法，常用的有化学反应法、改换溶剂法等。本实验采用化学反应法制备 $Fe(OH)_3$ 溶胶。

新制备的 $Fe(OH)_3$ 溶胶在纯化前含有很多电解质或其他杂质，其中除了部分电解质与胶粒表面所吸附的离子维持平衡外，过量的电解质和杂质却会影响溶胶的稳定性，因此刚制备的溶胶需经纯化。最常用的纯化方法是渗析法，它是利用半透膜具有能透过离子和某些分子，而不能透过胶粒的特性将溶胶中过量的电解质和杂质分离出来。纯化时，将刚制备的溶胶装在半透膜内，浸入蒸馏水中，由于电解质和杂质在膜内的浓度大于在膜外的浓度，因此膜内的离子和其他能透过膜的分子即向膜外迁移，这样就降低了膜内溶液中的电解质和杂质的浓度，多次更换蒸馏水即可达到纯化的目的。适当提高温度，可以加快纯化过程。

在外电场作用下，胶粒在分散介质中依一定的方向移动，这种现象称为电泳。电泳现象表明胶粒是带电的。胶粒带电的原因主要是由于分散相粒子有选择性地吸附了一定量的离子或本身的电离所致。胶粒表面具有一定量的电荷，胶粒周围的介质分布着反离子，反离子所带电荷与胶粒表观电荷符号相反、数量相等，整个溶胶系统保持电中性。由于静电吸引作用和热扩散运动两种效应的共同作用，使得反离子中有一部分紧密地吸附在胶核表面上（约为一两个分子层厚），称为紧密层；另一部分反离子形成扩散层。扩散层中反离子分布符合玻尔兹曼分布式，扩散层的厚度随外界而改变，即在两相界面上形成了双电层结构。从紧密层的外界（或滑动面）到溶液本体间的电位差，称为电动电势或 ζ 电位（图 8-3）。

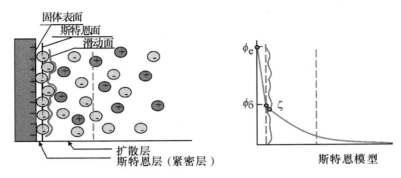

图 8-3　双电层示意图

ζ 电位越大,胶体系统越稳定,因此 ζ 电位的大小是衡量胶体稳定性的重要参数。测定 ζ 电位,对判断胶体系统的稳定性具有很大的意义。在一般溶胶中,ζ 电位愈小,则其稳定性亦愈差,此时可观察到聚沉的现象。因此,无论是制备胶体或者是破坏胶体,都需要研究胶体的 ζ 电位。

原则上,根据任何一种胶体的电动现象(如电渗、电泳、流动电势、沉降电势),都可以测定 ζ 电位,但最方便的则是用电泳现象来进行测定。

电泳法又分为两类,即宏观法和微观法。宏观法的原理是观察溶胶与另一不含胶粒的导电液体的界面在电场中的移动速度;微观法是直接观察单个胶粒在电场中的泳动速度。对于高分散的溶胶(如 As_2S_3 溶胶或 $Fe(OH)_3$ 溶胶)或过浓的溶胶,不宜观察个别粒子的运动,只能月宏观法;对于颜色太浅或浓度过稀的溶胶,则适宜用微观法。本实验采用宏观法。宏观电泳法的装置如图 8-4 所示。

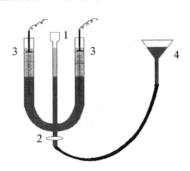

图 8-4　电泳装置示意图

1—加液口;2—旋塞;3—平板电极;4—漏斗

在一定温度下

$$\zeta = \eta u / (\varepsilon U / l) \tag{8-11}$$

式中:η 为介质的黏度,单位为 $kg \cdot m^{-1} \cdot s^{-1}$;$u$ 为电泳的速率,单位为 $m \cdot s^{-1}$;ε 为介质的介电常数,单位为 $C \cdot V \cdot m^{-1}$;U 为两电极间的电压,单位为 V;l 为两电极间的距离,单位为 m。本实验中,水的 η 值可由本教材附录 10 查得,水的 ε 值则按下式计算得到。

$$\varepsilon = [80 - 0.4 \times (T - 293)] \times 8.854 \times 10^{-12} \tag{8-12}$$

据此可计算出胶体的 ζ 电位。

三、预习要求

1. 了解 $Fe(OH)_3$ 溶胶的制备和净化方法。
2. 了解用电泳法测定 $Fe(OH)_3$ 溶胶的 ζ 电位的原理。

四、仪器与试剂

仪器:电泳仪(附电极)1 套;直流稳压电源 1 台;Mettler Toledo LE703 电导率仪 1 台;电炉 1 台;锥形瓶(250mL)2 只;烧杯(250mL)1 只;烧杯(1000mL)2 只;玻棒 1 根;秒表 1 只;铜丝 1 条;尺子(精度 0.1cm)1 把。

试剂:$FeCl_3$ 溶液(10%);$AgNO_3$ 溶液(1%);KSCN 溶液(1%);KCl 溶液(0.1mol·L^{-1});蒸馏水;火棉胶液。

五、实验内容

1. $Fe(OH)_3$ 溶胶的制备。在 250mL 烧杯中加入 100mL 蒸馏水,加热至沸腾,慢慢滴入 5mL 10%$FeCl_3$ 溶液,在 2~3min 内滴完,并不断搅拌,滴完后再煮沸 1~2min,冷却待用。

2. 半透膜的制备。取一只洁净干燥且内壁光滑的 250mL 锥形瓶,加入约 10mL 火棉胶液,小心转动锥形瓶,使火棉胶在瓶内壁(包括瓶颈部分)形成均匀薄膜,将瓶在铁圈上倒立,让剩余火棉胶流尽。约 15min 乙醚挥发完,用手指轻轻触摸薄膜不再粘手,即在瓶口剥开一部分膜,并由此注入蒸馏水,使膜与壁分离。小心将薄膜取出,注入蒸馏水于膜袋中检查是否有漏洞。若有小洞,可先擦干洞口部分,用玻棒蘸少许火棉胶液轻轻接触洞口即可补好。

3. $Fe(OH)_3$ 溶胶的净化。小心将 $Fe(OH)_3$ 溶胶注入半透膜袋中,用棉线将袋口扎好,吊在一大烧杯中,杯内加蒸馏水并置于 60~70℃ 的恒温水浴中,以加快渗析速度。每隔 30min 更换一次蒸馏水,并不断用 $AgNO_3$ 溶液和 KSCN 溶液分别检查 Cl^- 和 Fe^{3+},直到检不出两种离子为止(需要换水四五次)。然后将溶胶和最后一次的渗析液冷却至室温,再用电导率仪分别测其电导率 $\kappa_{胶}$、$\kappa_{辅}$,若两者相等,则将溶胶倾入棕色试剂瓶中,将最后一次渗析液作为导电辅液备用;若两者相差较大,则可在渗析液内加入蒸馏水或 0.1mol·L^{-1} KCl 溶液进行调节,至渗析液的电导率近乎等于溶胶的电导率为止。

4. 电泳速率 u 的测定。用铬酸洗液浸泡电泳仪,再用自来水冲洗多次,然后用蒸馏水荡洗。打开旋塞,用少量 $Fe(OH)_3$ 溶胶润洗电泳仪两三次后,将溶胶自漏斗加入,当溶胶液面上升至高于旋塞少许,关闭旋塞,倒去旋塞上方的溶胶。用辅液荡洗旋塞上方的 U 型管两三次,将电泳仪固定在木架上,从中间的加液口加入 40mL 左右的辅液,插入两电极。缓慢开启旋塞让溶胶缓缓上升,并在溶胶和辅液间形成一清晰的界面。当辅液淹没两电极 1cm 左右,关闭旋塞。连接线路,接通电源,电压调至 40V 左右,不能发生电解(观察电流指示为 0,电极上无气泡冒出)。调好后,开始计时,待稳定 2min 左右后记下一个较清晰的界面的位置,以后每隔 10min 记录 1 次,共测 4 次。测完后,关闭电源。用铜丝量出两电极间的距离 l(两平板电极间 U 型管的长度),共量 3~5 次,取平均值 $\bar{l}$。实验结束,将溶胶倒入指定瓶内,清洗玻璃仪器,并将电泳仪内注满蒸馏水,整理实验台。

【注意事项】

1. 加辅液后,开启旋塞一定要缓慢,保证形成清晰的界面。

2. 所加电压不能过大,保证不发生电解。

【思考题】

1. 胶粒电泳速率的快慢与哪些因素有关?

2. 本实验中,电泳仪为什么要洗干净?

3. 本实验中,胶粒带电的原因是什么?此外,还有哪些方法可使胶粒带电?

4. 溶胶纯化是为了去除什么物质?目的是什么?

5. 配制导电辅液有何要求?为什么?

六、数据记录与处理

1. 将实验数据填入下表。

表 8-2　电泳实验结果

室温:＿＿＿＿＿＿;大气压:＿＿＿＿＿＿;黏度 η:＿＿＿＿＿＿;介电常数 ε:＿＿＿＿＿＿;
电压 U:＿＿＿＿＿＿;电极间距离 $\overline{l}$:＿＿＿＿＿＿

时间 t/s	界面高度 h/cm	界面移动距离 d/cm	电泳速率 $u/(cm \cdot s^{-1})$	电泳速率平均值 $\overline{u}/(cm \cdot s^{-1})$

2. 计算 $Fe(OH)_3$ 溶胶的 ζ 电位,并指出胶粒所带电荷的符号。

参考文献

1. 胡晓洪,刘弋潞,梁舒萍编. 物理化学实验. 北京:化学工业出版社,2007

2. 淮阴师范学院化学系编. 物理化学实验. 北京:高等教育出版社,2003

(闫华编)

实验 19　黏度法测定高聚物相对分子质量

一、实验目的

1. 掌握用乌氏黏度计测定聚合物溶液黏度的原理和方法。

2. 测定聚合物聚乙二醇的黏均相对分子质量。

二、实验原理

大分子化合物的相对分子质量对它的性能影响很大。如橡胶的硫化程度、聚苯乙烯和醋酸纤维素薄膜的抗张强度、纺丝黏液的流动性等都与他们的相对分子质量有关。通过测定相对分子质量,可进一步了解大分子化合物的性能,指导和控制聚合时的条件,以获得性能优良的产品。

大分子化合物,尤其是人工合成的大分子化合物(是一类同系物的混合物),其相对分子质量是指统计平均相对分子质量。且随测量方法的不同,统计平均意义也不同,如数均相对分子质量 M_n、质均相对分子质量 M_w 等。测定线性大分子化合物相对分子质量的方法有多种,其适用的相对分子质量 M_r 的范围也不相同,如表 8-3 所示。

表 8-3　不同相对分子质量范围大分子化合物的测定方法

测定方法	测定相对分子质量范围
端基分析	$M_n < 3 \times 10^4$
沸点升高,凝固点降低	$M_n < 3 \times 10^4$
渗透压	$M_n = 10^4 \sim 10^6$
光散射	$M_w = 10^4 \sim 10^7$
超离心沉降	M_n 或 $M_w = 10^4 \sim 10^7$
凝胶渗透色谱法	M_n 或 $M_w = 10^3 \sim 5 \times 10^6$

近年来有文献报道,用脉冲核磁共振仪、红外分光光度计、电子显微镜等实验技术测定大分子物的平均相对分子质量。此外还有黏度法。它是利用大分子化合物溶液的黏度和相对分子质量间的某种经验方程来计算相对分子质量,适用于各种相对分子质量的范围,只是不同的相对分子质量范围有不同的经验方程。用黏度法测得的相对分子质量称为黏均相对分子质量 M_η,其值一般介于 M_n 与 M_w 之间。上述方法中除端基分析外,都需要较复杂的仪器设备和操作技术;而黏度法设备简单易测定,实验结果的准确度高,应用广泛。但黏度法所用特性黏度与相对分子质量间的经验方程要用其他方法来确定,经验方程随大分子化合物、溶剂及相对分子质量的范围而变。因此,黏度法不是测相对分子质量的绝对方法。

流体在流动时必须克服内摩擦阻力而做功,其所受阻力大小可用黏度系数(简称黏度)$\eta(\mathrm{kg \cdot m^{-1} \cdot s^{-1}})$来表示。大分子化合物溶液的黏度 η,一般比纯溶剂的黏度 η_0 要大得多,原因是大分子的链长度远大于溶剂分子,再加上溶剂化作用,使其在流动时受到较大的内摩擦力。下面是黏度法测相对分子质量时常用到的几个术语。

相对黏度(无量纲)为

$$\eta_r = \frac{\eta}{\eta_0}$$

增比黏度(无量纲)为

$$\eta_{sp} = \frac{\eta - \eta_0}{\eta_0} = \eta_r - 1$$

比浓黏度（浓度$^{-1}$）为

$$\eta_{sp}/c$$

当 $c \to 0$ 时，η_{sp}/c 趋近一固定极限值 $[\eta]$，称为特性黏度，即

$$\lim_{c \to 0} \frac{\eta_{sp}}{c} = [\eta] \qquad (8-13)$$

纯溶剂黏度 η_0 反映了溶剂分子间的内摩擦力；大分子化合物溶液的黏度 η 是大分子化合物分子间、溶剂分子间、大分子化合物分子与溶剂分子间三者内摩擦之和。η_r 反映的是大分子化合物溶液的内摩擦相对于溶剂的增加的倍数。η_{sp} 是扣除了溶剂分子间的内摩擦力，仅反映大分子化合物分子间及大分子化合物分子与溶剂分子间的内摩擦力。而 $[\eta]$ 是指溶液无限稀时，大分子化合物分子间彼此相距很远，相互作用可以忽略，反映的是大分子化合物溶液中大分子化合物分子与溶剂分子间的内摩擦，其值取决于溶剂的性质、大分子化合物分子的大小和其在溶液中的形态。

$\frac{\eta_{sp}}{c}$ 和 $[\eta]$ 的关系可用下面两个经验公式来表示。

Huggins 公式：
$$\eta_{sp}/c = [\eta] + k[\eta]^2 c \qquad (8-14)$$

Kramer 公式：
$$\frac{\ln \eta_r}{c} = [\eta] - \beta[\eta]c \qquad (8-15)$$

另外，也可以证
$$\lim_{c \to 0} \frac{\ln \eta_r}{c} = \lim_{c \to 0} \frac{\eta_{sp}}{c} = [\eta] \qquad (8-16)$$

因此，将 $\frac{\eta_{sp}}{c}$ 对 c 和 $\frac{\ln \eta_r}{c}$ 对 c 作图均为直线，其截距为 $[\eta]$，如图 8-5 所示，通过外推法，$c = 0$ 即可得到 $[\eta]$。$[\eta]$ 与大分子化合物的相对分子质量由下面经验方程关

$$[\eta] = KM_r^\alpha \qquad (8-17)$$

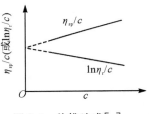

图 8-5 外推法求 $[\eta]$

式中：K 和 α 是经验方程的两个参数。对于一定的大分子化合物，一定的溶剂和温度，K 和 α 为常数。其中，α 与溶液中大分子形态有关。若大分子在良好溶剂中，舒展松懈，α 值就大；在不良溶剂中，大分子卷曲，α 值小。K 受温度影响显著。K 和 α 是由其他实验方法确定的，一般可在文献中查得。聚乙二醇水溶液在 25℃ 时，$K = 0.156 L \cdot kg^{-1}$，$\alpha = 0.50$；在 30℃ 时，$K = 1.26 \times 10^{-2} L \cdot kg^{-1}$，$\alpha = 0.78$。

测定大分子的特性黏度 $[\eta]$，以毛细管法最简便。根据泊肃叶（Poisuille）定律，液体的黏度 η 可以用时间 t 内液体流过半径为 r、长为 l 的毛细管的体积 V 来衡量

$$\frac{\eta}{\rho} = \frac{\pi h g r^4 t}{8Vl} - \frac{mV}{8\pi lt} \qquad (8-18)$$

式中：η 为液体的黏度；ρ 为液体的密度；l 为毛细管的长度；r 为毛细管的半径；t 为测量液体液面从 a 刻度流到 b 刻度的时间；h 为流过毛细管液体的平均液柱高度；V 为流经毛细管的液体体积；m 为毛细管末端校正的参数（一般在 $r/l \ll 1$ 时，可以取 $m = 1$）。当流出的时间 t 在 2min 左右（大于 100s），式（8-18）中的后面一项（亦称动能校正项）可以忽略，即

$$\frac{\eta}{\rho} = \frac{\pi h g r^4 t}{8Vl} \qquad (8-19)$$

因测定是在同一黏度计中进行的,而且通常是在稀溶液中进行($c < 1 \times 10^{-2}$ g·mL^{-1})测定,溶液的密度和溶剂的密度近似相等($\rho \approx \rho_0$),因此可将 η_r 写成

$$\eta_r = \frac{\eta}{\eta_0} = \frac{t}{t_0} \qquad\qquad (8-20)$$

式中:t 为测定溶液液面从 a 刻度流至 b 刻度的时间;t_0 为纯溶剂流过的时间。因此通过测定纯溶剂和溶液在毛细管中的流出时间,从式(8-20)求得 η_r,再由图 8-5 求得[η]。

三、预习要求

1. 了解运用黏度法测定高聚物相对分子质量的原理及方法。

2. 了解乌氏黏度计的结构、使用方法和应用条件。

3. 了解液体黏度的表示方法,掌握 η_0、η_{sp}、η_r、[η] 等黏度的定义,并明确乌氏黏度计所测得的黏均相对分子质量 M_η 的含义。

四、仪器与试剂

仪器:恒温槽 1 套;洗耳球 1 只;乌氏黏度计 1 只;容量瓶(100mL)1 只;移液管(10mL)2 支;移液管(5mL)1 支;玻璃砂芯漏斗 2 个;铅锤 1 个;秒表 1 只。

试剂:聚乙二醇;蒸馏水。

五、实验内容

1. 配制溶液。准确称取 2.0g 左右聚乙二醇(聚乙二醇的用量根据其相对分子质量而定,使溶液对溶剂的相对黏度在 1.1～1.9 为宜),倒入洗净的 100mL 烧杯中,加入约 60mL 蒸馏水使之溶解,再将溶液移至 100mL 容量瓶中,并稀释至刻线。然后用洗净并烘干的 3 号玻璃砂芯漏斗过滤。

2. 调节恒温水浴。调节恒温水浴的温度至(25±0.05)℃或(30±0.05)℃。先开恒温水浴,再开恒温控制器,温度达到设置温度前 2～3℃,置"弱"加热。

3. 测定溶液流出的时间。

①图 8-6 所示为乌氏黏度计。将洗净并烘干的乌氏黏度计垂直安装在恒温水浴中,黏度计的两球没入水中,固定好。用移液管吸取 10mL 溶液从 A 管加入黏度计,恒温数分钟。在 C 管上端套上一段乳胶管,用弹簧夹夹住使之不漏气。用洗耳球由 B 管慢慢抽气,待液面升至球 G 的中部时停止抽气,取下洗耳球,松开 C 管上的夹子,使空气进入球 D,毛细管内液体在球 D 处断开,在毛细管内形成气承悬液柱,液体流出毛细管下端就沿管壁流下,此时球 G 内液面逐渐下降。当液面恰好达到刻度 a 时,立即按下秒表,开始计时;待液面下降至刻度 b 时再按停秒表,记录溶液流经毛细管的时间。至少重复 3 次,取其平均值作为溶液流出的时间,每次测得的时间不应相差 0.3s。

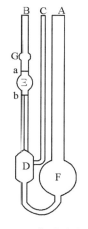

图 8-6　乌氏黏度计

②然后依次从 A 处往黏度计中加入 5mL、5mL、10mL、10mL 蒸馏水,稀释成相对浓度为 2/3、1/2、1/3、1/4 的溶液。每次稀释后用洗耳球通过 B 管压气鼓泡,使溶液混合均匀。然后吸溶液至球 G 的中部,再压下去,反复 3 次,以确保黏度计

内各处溶液的浓度相等。恒温后,按同样方法分别测定它们的流出时间。

4.测定水流出的时间。将黏度计内溶液由 A 管倒入回收瓶,及时用蒸馏水约 10mL 洗涤黏度计,并至少抽洗耳球 3 次,倒出蒸馏水。同上法再洗涤 2 遍。然后加入蒸馏水约 10mL,恒温后测定其流出的时间,至少重复 3 次,每次测得的时间不应相差 0.3s,取其平均值。

5.结束。实验完毕,倒出蒸馏水,将黏度计倒置烘干。先关恒温控制器,再关恒温水浴,置"快""强"位置。

【注意事项】

1.高聚物在溶剂中溶解缓慢,配制溶液时必须保证其完全溶解,否则会影响溶液起始浓度,导致测量结果偏低。

2.黏度计要保持垂直状态,球 G 要没入恒温水浴中。

3.从 B 管抽吸溶液前,必须夹紧 C 管上的乳胶管使之不漏气。测定流出时间时,要先松开 C 管上的夹子。

4.溶液混合一定要均匀。

5.注意水浴温度,记录它的温度波动范围。溶液每次稀释要待恒温后才能测量。

【思考题】

1.黏度计毛细管的粗细对实验结果有何影响?

2.乌氏黏度计中的 C 管的作用是什么?能否将 C 管去除,改使用双管黏度计?

3.若把溶液吸到了乳胶管内会对实验结果有何影响?

4.试列举影响测定结果准确性的因素有哪些?

5.黏度法测定高聚物的相对分子质量有何局限?该法适用的高聚物的相对分子质量范围是多少?

六、数据记录与处理

1.将所测的实验数据及计算结果填入下表中。

表 8-4 黏度法实验数据

室温:_____;大气压:_____;原始溶液浓度 c_0:_____g·mL^{-1};恒温温度:_____℃

$c/(g \cdot mL^{-1})$	相对浓度	t_1/s	t_2/s	t_3/s	$\bar{t}/s$	η_r	$\ln\eta_r$	$\ln\eta_r/c$	η_{sp}	η_{sp}/c
c_1	1									
c_2	2/3									
c_3	1/2									
c_4	1/3									
c_5	1/4									
c_6	0									

2.作 $\eta_{sp}/c - c$ 及 $\ln\eta_r/c - c$ 图,并外推到 $c \rightarrow 0$,由截距求出 $[\eta]$。

3.将 $[\eta]$ 代入式(8-17),计算聚乙二醇的相对相对分子质量。

参考文献

1.陈龙武,邓希贤,朱长缨,吴子生,臧威成,金虹.物理化学实验基本技术.上海:华东师范大学出版社,1986

2.上官荣昌.物理化学实验(第2版).北京:高等教育出版社,2003

(李换英编)

实验20　次甲基蓝在活性炭上的吸附比表面积的测定

一、实验目的

1.用溶液吸附法测定活性炭的比表面积。

2.了解溶液吸附法测定比表面积的基本原理及测定方法。

二、实验原理

比表面积是指单位质量(或单位体积)的物质所具有的表面积,其数值与分散粒子大小有关。

测定固体比表面积的方法很多,常用的有 BET 低温吸附法、电子显微镜法和气相色谱法,但它们都需要复杂的仪器装置或较长的实验时间。而溶液吸附法则仪器简单,操作方便。本实验用次甲基蓝溶液吸附法测定活性炭的比表面积。此法虽然误差较大,但比较实用。

活性炭对次甲基蓝的吸附,在一定的浓度范围内是单分子层吸附,符合朗格缪尔(Langmuir)吸附等温式。根据朗格缪尔单分子层吸附理论,当次甲基蓝与活性炭达到吸附饱和后,吸附与脱附处于动态平衡,这时次甲基蓝分子铺满整个活性炭粒子表面而不留下空位。此时,吸附剂活性炭的比表面积可按下式计算。

$$S_0 = \frac{(c_0 - c)G}{m} \times 2.45 \times 10^6 \qquad (8-21)$$

式中:S_0 为比表面积,单位为 $m^2 \cdot kg^{-1}$;c_0 为原始溶液的浓度,单位为 $g \cdot L^{-1}$;c 为平衡溶液的浓度,单位为 $g \cdot L^{-1}$;G 为溶液的加入量,单位为 L;m 为吸附剂试样质量,单位为 kg;2.45×10^6 是 1kg 次甲基蓝可覆盖活性炭样品的面积,单位为 $m^2 \cdot kg^{-1}$。

本实验中溶液浓度的测量是借助分光光度计来完成的。其测量原理详见 4.3"吸光度的测量"。

实验首先测定一系列已知浓度的次甲基蓝溶液的吸光度,绘出 A-c 工作曲线,然后测定次甲基蓝原始溶液及平衡溶液的吸光度,再在 A-c 曲线上查得对应的浓度值,代入式(8-21)计算比表面积。

三、预习要求

1.了解物理吸附和化学吸附的差异。

2.了解比表面积测定实验的数据记录与处理过程。

第8章　表面与胶体化学

四、仪器与试剂

仪器：分光光度计 1 套；振荡器 1 台；分析天平 1 台；离心机 1 台；台秤(0.1g)1 台；三角烧瓶(100mL)3 只；容量瓶(500mL)4 只；容量瓶(100mL)5 只；马弗炉(或真空箱)1 台；瓷坩埚 1 只；干燥器 1 台。

试剂：次甲基蓝原始溶液(2g·L^{-1})；次甲基蓝标准溶液(0.1g·L^{-1})；活性炭颗粒。

五、实验内容

1.活化样品。将活性炭置于瓷坩埚中，放入 500℃马弗炉中活化 1h(或在真空箱中 300℃活化 1h)，然后置于干燥器中备用。

2.溶液的吸附。取 100mL 三角烧瓶 3 只，分别放入准确称取的活化过的活性炭约 0.1g，再加入 40g 浓度为 2g·L^{-1} 的次甲基蓝原始溶液，塞上橡皮塞，然后放在振荡器上振荡 3h，即得平衡溶液。

3.配制次甲基蓝标准溶液。用台秤分别称取 4g、6g、8g、10g、12g 浓度为 0.1g·L^{-1} 的次甲基蓝标准溶液于 100mL 容量瓶中，用蒸馏水稀释至刻度，即得浓度分别为 4mg·L^{-1}、6mg·L^{-1}、8mg·L^{-1}、10mg·L^{-1}、12mg·L^{-1} 的标准溶液。

4.原始溶液的稀释。为了准确测定原始溶液的浓度，在台秤上称取浓度为 2g·L^{-1} 的原始溶液 2.5g，放入 500mL 容量瓶中，稀释至刻度。

5.平衡溶液的处理。样品振荡 3h 后，取平衡溶液 5mL 放入离心管中，用离心机旋转 10min，得到澄清的上层溶液。取 2.5g 澄清液放入 500mL 容量瓶中，并用蒸馏水稀释到刻度。

6.选择工作波长。用 6mg·L^{-1} 的标准溶液和厚为 0.5cm 的比色皿，以蒸馏水为空白液，在 500～700nm 波长范围内测量吸光度，以最大吸收时的波长作为工作波长。

7.测量吸光变。在工作波长下，依次分别测定 4mg·L^{-1}、6mg·L^{-1}、8mg·L^{-1}、10mg·L^{-1}、12mg·L^{-1} 的标准溶液的吸光度，以及稀释以后的原始溶液及平衡溶液的吸光度。

【注意事项】

1.标准溶液的浓度要准确配制。

2.活性炭颗粒要均匀并干燥，且三份称重应尽量接近。

3.振荡时间要充足，以达到吸附饱和，一般不应小于 3h。

【思考题】

1.比表面积的测定与温度、吸附质的浓度、吸附剂颗粒、吸附时间等有什么关系？

2.用分光光度计测定次甲基蓝溶液的浓度时，为什么还要将溶液再稀释到 mg·L^{-1} 级浓度才进行测量？

3.固体在稀溶液中对溶质分子的吸附与固体在气相中对气体分子的吸附有何共同点和区别？

4.溶液产生吸附时，如何判断其达到平衡？

六、数据记录与处理

1.作 A-c 工作曲线。

2.求次甲基蓝原始溶液的浓度 c_0 和平衡溶液的浓度 c。从 A-c 工作曲线上查得对应的浓度，然后乘以稀释倍数 200，即得 c_0 和 c。

3.计算比表面积，求平均值。

参考文献

1.上官荣昌.物理化学实验(第 2 版).高等教育出版社,2003

2.陈龙武,邓希贤,朱长缨,吴子生,臧威成,金虹.物理化学实验基本技术.上海:华东师范大学出版社,1986

（钟爱国编）

实验 21 固体物质粒度分布的测定

一、实验目的

1.掌握斯托克斯(Stokes)公式。

2.用离心沉降法测定颗粒样品直径大小的分布。

3.了解粒度测定仪的工作原理及操作方法。

二、实验原理

溶胶的运动性质除扩散和热运动之外,还有在外力作用下溶胶微粒的沉降。沉降是在重力的作用下粒子沉入容器底部。质点的质量越大,沉降速度也越快。但因布朗运动而引起的扩散作用与沉降相反,它能使下层较浓的微粒向上扩散,而有使浓度趋于均匀的倾向。粒子越大,则扩散速度越慢,故扩散是抗拒沉降的因素。当两种作用力相等的时候,就达到了平衡状态,这种状态称为沉降平衡。

在研究沉降平衡时,粒子的直径大小对建立平衡的速度有很大影响,表 8-5 列出了一些不同尺寸的金属微粒在水中的沉降速度。

表 8-5 球形金属微粒在水中的沉降速度

粒子半径 r	沉降速度 v	沉降 1cm 所需时间 t
10^{-3} cm	1.7×10^{-1} cm·s^{-1}	5.9s
10^{-4} cm	1.7×10^{-3} cm·s^{-1}	9.8s
100nm	1.7×10^{-5} cm·s^{-1}	16h
10nm	1.7×10^{-7} cm·s^{-1}	68d
1nm	1.7×10^{-9} cm·s^{-1}	19a

由上表可以看出,对于细小的颗粒,其沉降速度很慢,因此需要增加离心力场以增加其速度。此外,在重力场下用沉降分析来做颗粒分布时,往往由于沉降时间过长,在测量时间内产生了颗粒的聚结,影响了测定结果的准确性。普通离心机的转速为 3000r·

$\min^{-1}$，可产生比地心引力大约 2000 倍的离心力，超速离心机的转速可达 $(1.0\sim1.6)\times10^5$ r·$\min^{-1}$，其离心力约为重力的 100 万倍。因此在离心力场中，颗粒所受的重力可以忽略不计。

在离心力场中，粒子所受的离心力为 $\frac{4}{3}\pi r^3(\rho-\rho_0)\omega^2 x$。根据斯托克斯定律，粒子在沉降时所受的阻力为 $6\pi\eta r\frac{dx}{dt}$。其中，r 为粒子半径；ρ，ρ_0 分别为粒子与介质的密度；$\omega^2 x$ 为离心加速度；$\frac{dx}{dt}$ 为粒子的沉降速度。如果沉降达到平衡，则有

$$\frac{4}{3}\pi r^3(\rho-\rho_0)\omega^2 x=6\pi\eta r\frac{dx}{dt} \tag{8-23}$$

对上式积分

$$\frac{4}{3}\pi r^3(\rho-\rho_0)\omega^2\int_{t_1}^{t_2}dt=6\pi\eta r\int_{x_1}^{x_2}\frac{dx}{x} \tag{8-24}$$

可得

$$2r^2(\rho-\rho_0)\omega^2(t_2-t_1)=9\eta\ln\frac{x_2}{x_1} \tag{8-25}$$

$$r=\sqrt{\frac{9}{2}\eta\frac{\ln\frac{x_2}{x_1}}{(\rho-\rho_0)\omega^2(t_2-t_1)}} \tag{8-26}$$

以理想的单分散体系为例，利用光学方法可测出清晰界面，记录不同时间 t_1 和 t_2 时的界面位置 x_1 和 x_2，由式(8-26)可算出颗粒大小，并根据颗粒总数算出每种颗粒占总颗粒的百分数。另外，根据颗粒密度还可算出每种颗粒占总颗粒的质量百分数。

三、预习要求

1. 了解筛分分析法测定固体物料的粒度分布的方法。
2. 了解根据正负累计特性曲线计算出任一粒级的含量的方法。
3. 了解实验过程中的操作规范。

四、仪器与试剂

仪器：粒度测定仪 1 台；超声波发生器 1 台；注射器(100mL)1 只；注射器(1mL)2 只；温度计 1 只；台秤 1 台；烧杯(50mL)2 只。

试剂：固体颗粒(化学纯)；甘油(化学纯)；无水乙醇(化学纯)。

五、实验内容

1. 打开粒度测定仪电源开关和电机开关。
2. 开启计算机和打印机，在计算机上启动相应的粒度测定程序。
3. 点击"调整测量曲线"，输入电机转速，向电机圆盘腔内注入 30～40mL 旋转液(40%～60%甘油水溶液)，调节"增益"旋钮将基线调整到适宜值(3400～3800)，连续运行 20～30min，观察基线值的波动和稳定性，一般要求基线波动量要小于 10 个数值，若基线波动量大于 10 个数值，应延长观察时间直至稳定性符合要求，基线稳定后，敲任意键返回。
4. 点击"输入参数和采样"，输入相应的参数值(表 8-6)，检查无误后，点击"确认"。

表 8-6　粒度测量参数值

序号	参数名称	输入要求
1	样品名称	中英文均可
2	前采样周期	$1\sim29s$
3	后采样周期	$5\sim15s$
4	颗粒样品密度	实测或查表,单位:$g \cdot mL^{-1}$
5	旋转流体密度	实测或查表,单位:$g \cdot mL^{-1}$
6	旋转流体黏度	实测或查表,单位:$kg \cdot m^{-1} \cdot s^{-1}$
7	旋转流体用量	实际使用体积,单位:mL

5.注入 1mL 缓冲液(40％乙醇水溶液),按"加速"按钮形成缓冲层,点击"确定",计算机开始采集基线,当基线太高或噪声太大时,程序不往下进行,一直采集基线,待问题解决后,程序才往下进行。

6.采集基线后,注入 1mL 样品溶液(配制 0.1％～1％的样品水溶液,放入超声波发生器中超声 10～20min,直到聚集在一起的颗粒分散开)并及时按任意键(时间间隔应小于 1s),采样过程中一切会自动进行。采样结束后,按计算机指令进行操作。

7.点击"存盘退出",保存数据及图形。

8.点击"调出结果",查看结果。

9.点击"打印测试报告",按指令打印数据及图表。

10.将注射器用去离子水洗净,将圆盘腔用去离子水洗净、擦干。

【注意事项】

1.注射旋转液和样品溶液时,注射器针头不要碰到圆盘腔内壁,以免划伤或损坏圆盘。

2.当电机转速较高时,应先将电机转速以每次减少 $1000r \cdot min^{-1}$ 的递减速度降到 $2000r \cdot min^{-1}$ 后再关闭电机。

3.将圆盘腔擦干时,应小心操作,以免划伤圆盘腔。

【思考题】

1.本实验的主要误差来源是什么? 怎样消除?

2.如何选择样品用量及旋转液用量和浓度?

六、数据记录与处理

1.根据测得的不同颗粒在不同时间 t_1 和 t_2 时的界面位置 x_1 和 x_2,由式(8−26)计算出各颗粒的半径。

2.根据式(8−26)的计算结果和颗粒密度,计算出颗粒总数和颗粒总质量。

3.计算每种颗粒占总颗粒的数目百分数和质量百分数。

4.以各颗粒的质量百分数对颗粒半径作图,从图中求出颗粒的最可几半径。

参考文献

1.北京大学化学系物理化学教研室编.物理化学实验(第 3 版).北京:北京大学出版社,1995

2.东北师范大学.物理化学实验(第 2 版).北京:高等教育出版社,1989

(钟爱国编)

习　题

1.在实验 18 中,电泳中辅助液起何作用,选择辅助液的依据是什么?

提示:辅液主要起胶体泳动的介质、电介质作用和与胶体形成清晰的界面易于观测等作用。选择的辅液不能与胶体发生化学反应,电导率与胶体相同等

2.在实验 18 中,若电泳仪事先没有洗干净,内壁上残留有微量的电解质,对电泳测量的结果将会产生什么影响?

提示:可能改变 ζ 电位大小,甚至引起胶体的聚沉。

3.在实验 13 中,电泳仪中不能有气泡,为什么?

提示:气泡会阻断电介质。

4.电泳速率的快慢与哪些因素有关?

提示:电泳苏联与胶粒的大小、带电量、电压的大小及两电极的距离等因素有关。

5.在实验 19 中,高聚物的特征黏度与纯溶剂的黏度为什么不相等?

答:纯溶剂黏度反映了溶剂分子间的内摩擦力效应,聚合物溶液的黏度则是体系中溶剂分子间、溶质分子间及他们相互间内摩擦效应之总和。

6.在实验 19 中,黏度计毛细管的粗细对实验结果有何影响?

答:黏度计毛细管的过粗,液体流出时间就会过短,那么使用 Poisuille 公式时就无法近似,也就无法月时间的比值来代替黏度;如果毛细管过细,容易造成堵塞,导致实验失败。

7.在实验 19 中,乌氏黏度计中的 C 管的作用是什么? 能否将 C 管去除,改为使用双管黏度计?

答:C 管的作用是形成气承悬液柱。不能去除 C 管改为双管黏度计,因为没有了 C 管,就成了连通器,不断稀释之后会导致黏度计内液体量不一样,这样在测定液体流出时间时就不能处在相同的条件之下,因而没有可比性。只有形成了气承悬液柱,使流出液体上下方均处在大气环境下,测定的数据才具有可比性。

8.在实验 19 中,若把溶液吸到了乳胶管内对实验结果有何影响?

答:会使溶液浓度降低,导致测定的流出时间减小,从而使相对黏度测定值减小,影响实验结果。

9.试列举影响实验 19 的测定结果准确性的因素有哪些?

答:影响准确测定的因素有温度、溶液浓度、搅拌速度、黏度计的垂直度等。

10.黏度法测定高聚物的相对分子质量有何局限性? 该法适用的高聚物的相对分子质量范围是多少?

答:黏度法是利用大分子化合物溶液的黏度和相对分子质量间的某种经验方程来计算相对分子质量,适用于各种相对分子质量的范围。局限性在于不同的相对分子质量范围有不同的经验方程。

第 9 章　结构化学

实验 22　分子的立体构型和分子的性质

一、实验目的

通过自己动手制作和仔细观察分子模型,掌握分子的空间结构,加深对分子构型和分子性质的了解。

二、实验原理

具有极性化学键的分子,其分子形状决定了分子是否具有偶极矩,进而影响分子间作用力及沸点、表面张力、气化热与溶解度等性质。利用路易斯电子点式和价层电子对互斥(valence shell electron pair repulsion,VSEPR)理论可以预测分子形状,进而获得分子晶体的对称动作群(即分子点群)。分子点群与分子的偶极矩和旋光性密切相关。

分子是否具有偶极矩的判据:若分子中有两个或两个以上的对称元素交于一点,则该分子无偶极矩;反之,则有偶极矩。即属于 C_1、C_s、C_n、C_{nv} 群的分子有偶极矩,属于 C_i、S_n、C_{nh}、D_n、D_{nh}、D_{nd}、T_d 和 O_h 群的分子无偶极矩。

分子是否具有旋光性的判据:有象转轴 S_n 的分子无旋光性;无象转轴 S_n 的分子有旋光性。由于 $S_1 = \sigma$,$S_2 = i$,因此,也可以说具有对称面 σ、对称中心 i 和象转轴 $S_{4n}(n=1,2,\cdots)$ 的分子无旋光性,属于 C_1、C_n、D_n 点群的分子有旋光性。

三、预习要求

1. 掌握寻找分子中独立对称元素、判断分子点群的方法。
2. 根据分子所属点群判断分子有无偶极矩。
3. 根据分子所属点群判断分子有无旋光性。

四、仪器与试剂

仪器:塑料球棍分子模型 1 套(包括彩色塑料小球若干,另准备随意贴黏土数块,色纸 1 张);数码相机 1 台(公用)。

五、实验内容

根据路易斯电子点式和价层电子对互斥理论预测分子形状,并用不同颜色的球棍搭建具有正确键角的分子模型(表 9-1),用数码相机记录所搭建的分子模型。寻找对称元素及数目,确定分子点群,并判断其是否具有偶极矩和旋光性。黑球:代表碳原子 C;浅灰色球:代表氢原子 H;红球:代表氧原子 O;蓝球:代表氮原子 N;绿球:代表氯原子 Cl;其他:代表杂原子 P 或 F。

1. 搭出下列分子模型, 了解它们的对称性, 填写表 9-1 各栏内容。

H_2O_2, NF_3, BF_3, C_2H_6 (重叠式、交叉式以及任意式), CH_3CCl_3 (扭曲式), CH_4,

CH_3Cl, CH_2Cl_2, $CHCl_3$, $PtCl_4^{2-}$, PCl_5, ⬡, (萘), (2-氯萘)^{Cl}, (菲), ⬡ (船式和椅式), SF_6。

2. 搭出下列乙烯型化合物的模型, 了解它们的对称性, 填写表 9-1 各栏内容。

$CH_2 = CH_2$, $CHCl = CHCl$ (顺式、反式), $CH_2 = CCl_2$

3. 搭出下列丙二烯型化合物的模型, 了解它们的对称性, 填写表 9-1 各栏内容。

$CH_2 = C = CH_2$, $CHCl = C = CHCl$

【注意事项】

在搭制分子的球棍模型时, 通常按照下面的惯例用不同的颜色表示不同的原子: C 黑色, H 浅灰色, O 红色, N 蓝色, Cl 绿色, Br 红棕色, I 红紫色, S 黄色, P 紫色; 金属原子则以该金属单质显示的颜色表示。

【思考题】

1. 在 14 种点阵型式中, 为什么有四方 I, 而无四方 F? 为什么有正交 C, 而无四方 C? 为什么有立方 F, 而无立方 C? 根据什么原则确定点阵型式?

2. 结构基元、点阵点、晶胞和点阵型式等概念的正确含义和相互关系怎样?

六、数据记录与处理

1. 室温: _____℃; 大气压: _____ Pa。

2. 根据实验容填写表 9-1。

表 9-1 常见分子点群及性质的确认

分子		对称元素及数目			点群	偶极矩	旋光性
		对称轴	镜面	i			
H_2O_2							
NF_3							
BF_3							
C_2H_6	重叠式						
	交叉式						
	任意式						
CH_3CCl_3 (扭曲式)							
CH_4							
CH_3Cl							
CH_2Cl_2							
$CHCl_3$							

分子	对称元素及数目			点群	偶极矩	旋光性
	对称轴	镜面	i			
$PtCl_4^{2-}$						
PCl_5						
Cl						
船式						
椅式						
SF_6						
$CH_2 = CH_2$						
$CHCl = CHCl$(顺式)						
$CHCl = CHCl$(反式)						
$CH_2 = CCl_2$						
$CH_2 = C = CH_2$						
$CHCl = C = CHCl$						

参考文献

1.周公度,段连运编.结构化学基础(第 3 版).北京:北京大学出版社,2002

2.厦门大学化学系物构组编.结构化学.北京:科学出版社,2004

3.李炳瑞编.结构化学.北京:高等教育出版社,2004

4.东北师范大学等编.结构化学.北京:高等教育出版社

（戴国梁编）

第 9 章 结构化学

实验 23　络合物磁化率的测定

一、实验目的

1. 学习古埃法测定物质磁化率的原理和方法。
2. 通过对 $FeSO_4 \cdot 7H_2O$ 与 $K_4[Fe(CN)_6] \cdot 3H_2O$ 磁化率的测定，推算未成对电子数。

二、实验原理

物质在磁场中被磁化，在外磁场强度 $H(A \cdot m^{-1})$ 的作用下产生附加磁场 H'。这时该物质内部的磁感应强度 B 为外磁场强度 H 与附加磁场强度 H' 之和

$$B = H + H' = H + 4\pi\chi H = \mu H \qquad (9-1)$$

式中：χ 称为物质的体积磁化率，表示单位体积物质的磁化能力，是无量纲的物理量；μ 称为磁导率，与物质的磁化学性质有关。由于历史原因，目前有关磁化学的物理量在文献和手册中仍多半采用静电单位（CGSE），如磁感应强度的单位用高斯（G），它与国际单位制中的特斯拉（T）的换算关系是

$$1T = 10000G$$

磁场强度与磁感应强度不同，是反映外磁场性质的物理量，与物质的磁化学性质无关。习惯上采用的单位为奥斯特（Oe），它与国际单位 $A \cdot m^{-1}$ 的换算关系为

$$1Oe = \frac{1}{4\pi \times 10^{-3}} A \cdot m^{-1}$$

由于真空的磁导率被定为

$$\mu_0 = 4\pi \times 10^{-7} Wb \cdot A^{-1} \cdot m^{-1}$$

而空气的磁导率为

$$\mu_{空} \approx \mu_0$$

因此，当 $H = 1Oe$ 时，则

$$B = \mu_0 H = 4\pi \times 10^{-7} Wb \cdot A^{-1} \cdot m^{-1} \times 1Oe = 1 \times 10^{-4} Wb \cdot m^{-2} = 1 \times 10^{-4} T = 1G$$

这就是说，$1Oe$ 的磁场强度在空气介质中所产生的磁感应强度正好是 $1G$，两个单位虽然不同，但在量值上是等同的。习惯上用测磁仪器测得的"磁场强度"实际上都是指在某一介质中的磁感应强度，因而单位用高斯，测磁仪器也称为高斯计。

除 χ 外，化学上常用单位质量磁化率 χ_m 和摩尔磁化率 χ_M 来表示物质的磁化能力，两者的关系为

$$\chi_M = M\chi_m \qquad (9-2)$$

式中：M 是物质的摩尔质量；χ_m 的单位取 $mL \cdot g^{-1}$；χ_M 的单位取 $mL \cdot mol^{-1}$。

物质在外磁场作用下的磁化有三种情况：

① $\chi_M < 0$，这类物质称为逆磁性物质。

② $\chi_M > 0$，这类物质称为顺磁性物质。

③ 少数物质（如铁、钴、镍等）的 χ_M 与外磁场 H 有关，其值随磁场强度的增加而剧烈增加，并且还伴有剩磁现象，这类物质称为铁磁性物质。

物质的磁性与组成物质的原子、离子、分子的性质有关。原子、离子、分子中电子自旋已配对的物质一般是逆磁性物质。这是由于电子的轨道运动受外磁场作用,感应出"分子电流",从而产生与外磁场相反的附加磁场。这个现象类似于线圈中插入磁铁会产生感应电流,并同时产生与外磁场方向相反的磁场的现象。

磁化率是物质的宏观性质,分子磁矩是物质的微观性质,用统计力学的方法可以得到摩尔顺磁磁化率 χ_μ 和分子永久磁矩 μ_m 之间的关系。

$$\chi_\mu = \frac{N_A \mu_m^2}{3kT} = \frac{C}{T} \tag{9-3}$$

式中:N_A 为阿伏伽德罗(Avogadro)常数;k 为玻尔兹曼(Boltzmann)常数;T 为绝对温度;C 为居里常数,因为物质的摩尔顺磁磁化率与热力学温度成反比这一关系(称为居里定律),是 P. Curie 首先在实验中发现的。

通过实验可以测定物质的 χ_M,代入式(9-3)求得 μ_m(因为 $\chi_M \approx \mu_m$),再根据下面的式(9-5)求得不成对的电子数 n,这对于研究配位化合物的中心离子的电子结构是很有意义的。

原子、离子、分子中具有自旋未配对电子的物质都是顺磁性物质。这些不成对电子的自旋产生了永久磁矩 μ_m,微观的永久磁矩与宏观的摩尔磁化率 χ_M 之间存在联系,这一联系可以表达为

$$\mu_m = 797.7 \sqrt{\chi_\mu T} \cdot \mu_B \approx 797.7 \sqrt{\chi_M T} \cdot \mu_B \tag{9-4}$$

$$\mu_m = \sqrt{n(n+2)} \mu_B \tag{9-5}$$

$$\mu_B = eh/4\pi mc = 9.274 \times 10^{-24} \text{J} \cdot \text{T}^{-1}$$

式中:μ_B 为 Bohr 磁子,其物理意义是单个自由电子自旋所产生的磁矩;e、m 为电子电荷和静止质量;c 为光速;h 为普朗克(Plank)常数。

例如 Cr^{3+} 离子,其外层电子构型 $3d^3$,由实验测得其磁矩 $\mu_m = 3.77\mu_B$,则由式(9-5)可算得 $n \approx 3$,即表明有 3 个未成对电子。又如,测得黄血盐 $K_4[Fe(CN)_6]$ 的 $\mu_m = 0$,则 $n = 0$,可见黄血盐中 Fe^{2+} 的 $3d^6$ 电子不是如图 9-1a 所示的排布,而是如图 9-1b 所示的排布。

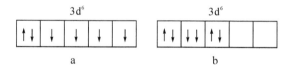

图 9-1 Fe^{2+} 外层电子排布图

在没有外磁场的情况下,由于原子、分子的热运动,永久磁矩指向各个方向的机会相等,因此磁矩的统计值为零。在外磁场作用下,这些磁矩会像小磁铁一样,使物质内部的磁场增强,因而顺磁性物质具有摩尔顺磁磁化率 χ_μ。另一方面,顺磁性物质内部同样有电子轨道运动,因而也有摩尔逆磁磁化率 χ_0,故摩尔磁化率 χ_M 是 χ_μ 与 χ_0 两者之和。

$$\chi_M = \chi_\mu + \chi_0 \tag{9-6}$$

由于 $\chi_\mu \geqslant |\chi_0|$,因此顺磁性物质的 $\chi_M > 0$,且可近似认为 $\chi_M \approx \chi_\mu$。根据配位场理论,过渡元素离子 d 轨道与配位体分子轨道按对称性匹配原则重新组合成新的群轨道。在 ML_6 正八面体配位化合物中,M 原子处在中心位置,点群对称性 O_h,中心原子 M 的 s、p_x、

p_y、p_z、$d_{x^2-y^2}$、d_{z^2}轨道与和它对称性匹配的配位体 L 的 σ 轨道组合成成键轨道 a_{1g}、t_{1u}、e_g。M 的 d_{xy}、d_{yz}、d_{xz}轨道的极大值方向正好和 L 的 σ 轨道错开,基本上不受影响,是非成键轨道 t_{2g}。因 L 电负性值较高而能级低,配位体电子进入成键轨道,相当于配键。M 的电子安排在三个非成键轨道 t_{2g}和两个反键轨道 e_g^* 上,低的 t_{2g}和高的 e_g^* 之间能级间隔称为分裂能 Δ,这时 d 电子的排布需要考虑电子成对能 P 和轨道分裂能 Δ 的相对大小。

对强场配位体,例如 CN^-,NO_2^-,$P < Δ$,电子将尽可能占据能量较低的 t_{2g}轨道,形成强场低自旋型配位化合物(LS);对弱场配位体,例如 H_2O、卤素离子,分裂能较小,$P > Δ$,电子将尽可能分占五个轨道,形成弱场高自旋型配位化合物(HS)。Fe^{2+}的外层电子组态为 $3d^6$,与 6 个 CN^-形成低自旋型配位离子$[Fe(CN)_6]^{4-}$,电子组态为 $t_{2g}^6 e_g^{*0}$,表现为逆磁性;当与 6 个 H_2O形成高自旋型配位离子$[Fe(H_2O)_6]^{2+}$时,电子组态为 $t_{2g}^4 e_g^{*2}$,表现为顺磁性。

通常采用古埃(Gouy)磁天平法测定物质的摩尔顺磁磁化率,实验装置如图 9-2 所示。

把样品装于样品管中,悬于两磁极中间,一端位于磁极间磁场强度最大区域 H,而另一端位于磁场强度很弱的区域 H_0,则样品在沿样品管方向所受的力 F 可表示为

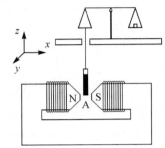

$$F = \chi_m m H \frac{\partial H}{\partial l} \qquad (9-7)$$

图 9-2　古埃磁天平示意图

式中:χ_m 为质量磁化率;m 为样品质量;H 为磁场强度;$\frac{\partial H}{\partial l}$ 为沿样品方向的磁场梯度。设样品管的高度为 h 时,把上式移项积分,得整个样品所受的力为

$$F = \frac{\chi_m m (H^2 - H_0^2)}{2h} \qquad (9-8)$$

如果 H_0 忽略不计,则简化为

$$F = \frac{\chi_m m H^2}{2h} \qquad (9-9)$$

用磁天平测出物质在加磁场前后的重量变化,显然有

$$F = \Delta m \cdot g = \frac{\chi_m m H^2}{2h} \qquad (9-10)$$

式中:g 为重力加速度。

整理后得

$$\chi_m = \frac{2\Delta m g h}{m H^2} \qquad (9-11)$$

因为 $H = B/\mu_0$,所以得

$$\chi_m = \frac{2\Delta m g h \mu_0^2}{m B^2} \qquad (9-12)$$

又因为 $\chi_M = M\chi_m$,因此式(9-12)可以改为

$$\chi_M = \frac{2\Delta m \mu_0^2 g h}{m B^2} M \qquad (9-13)$$

原则上只要测得 Δm、h、m、B 等物理量,即可由式(9-13)求出顺磁性物质的摩尔磁

化率。

磁感应强度 B 可用特斯拉计直接测量,不均匀磁场中必须用已知质量磁化率的标准物质进行标定。

$$\chi_m = \frac{95\mu_0}{T+1} \tag{9-14}$$

式中:χ_m 为质量磁化率,为真空磁导率,T 为实验时的温度,单位为 K。本实验以莫尔氏盐 $(NH_4)_2SO_4 \cdot FeSO_4 \cdot 6H_2O$ 作为标准物质标定外磁感应强度 B。

三、预习要求

1.通过对一些络合物磁化率的测定推算其未成对电子数,进而推断该络合物的电子结构和配键类型。

2.掌握古埃法测定磁化率的原理和方法。

四、仪器与试剂

仪器:古埃磁天平(配电子分析天平)1 台;软质玻璃样品管 1 支;装样品工具(包括角匙、小漏斗、玻棒、研钵)1 套。

试剂:$(NH_4)_2SO_4 \cdot FeSO_4 \cdot 6H_2O$;$FeSO_4 \cdot 7H_2O$;$K_4[Fe(CN)_6] \cdot 3H_2O$。

五、实验内容

1.接通电源,检查磁天平是否正常。通电和断电时应先将电源旋钮调到最小。励磁电流的升降平稳、缓慢,以防励磁线圈产生的反电动势将晶体管等元件击穿。

2.标定磁感应强度。

①将特斯拉计的磁感应探头平面垂直置于磁铁中心位置,调节励磁电流分别为 3A、6A,使特斯拉计的读数最大并记录这个数值 B_{max}(单位为 mT),然后通过调节吊绳长度使样品管底部与标定的最大磁感应强度处重合。

②天平调零校准:调节天平后部的水泡使之处于水准器中心。秤盘空载,用标准砝码调零。

③把样品管悬于磁感应强度最大的位置,测定空管在励磁电流分别为 0、3A、6A 时的质量并记录。

④把已经研细的莫尔氏盐通过小漏斗装入样品管,样品高度约为 12～14cm(此时样品另一端位于磁感应强度 $B=0$ 处)。用直尺准确测量样品的高度 h 并记录,要注意样品研磨细小,装样均匀,不能有断层。测定莫尔氏盐在励磁电流分别为 0、3 A、6 A 时的质量并记录。测定完毕后,将样品管中药品倒入回收瓶,擦净待用。

3.测定样品的摩尔磁化率。把测定过莫尔氏盐的试管擦洗干净,把待测样品 $FeSO_4 \cdot 7H_2O$ 与 $K_4[Fe(CN)_6] \cdot 3H_2O$ 分别装在样品管中,按着上述步骤 2 中的④分别测定在励磁电流分别为 0、3A、6A 时的质量并记录。

【注意事项】

1.测定用的试管一定要干净。

2.标定和测定用的试剂要研细,填装时要不断地敲击桌面,使样品填装得均匀且没有断层,并且要达到 12cm 以上(此时试管的顶部磁场 $H \approx 0$)。

3. 磁天平总机架必须放在水平位置,分析天平应做水平调整,一旦调至水平,不要移动天平。

4. 吊绳和样品管必须垂直位于磁场中心的磁感应探头之上,样品管不能与磁铁和磁感应探头接触,相距至少 3mm 以上。

5. 测定样品的高度前,要先用小径试管将样品顶部压紧,压平并擦去沾在试管内壁上的样品粉末,避免在称量中丢失。

6. 励磁电流的变化应平稳、缓慢,调节电流时不宜过快和用力过大。

7. 测试样品时,应关闭玻璃门窗,整机不宜振动,否则实验数据误差较大。

【思考题】

1. 简述用古埃磁天平法测定磁化率的基本原理。

2. 本实验中为什么要求样品装填高度在 12cm 左右?

3. 在不同的励磁电流下测定的样品摩尔磁化率是否相同?为什么?实验结果若有不同,应如何解释?

4. 从摩尔磁化率如何计算分子内未成对电子数及判断其配键类型?

5. 在什么条件下可以计算待测样品的摩尔磁化率?

六、数据记录与处理

1. 将实验结果填入下表。

表 9-2　样品的摩尔磁化率测定

室温:_____

被测物质	样品高度 h/cm	质量 m/g		
		0	3A	6A
空样品管				
空样品管＋莫尔氏盐				
空样品管＋$FeSO_4 \cdot 7H_2O$				
空样品管＋$K_4[Fe(CN)_6] \cdot 3H_2O$				

2. 由莫尔氏盐的质量磁化率和实验数据,计算磁感应强度。

3. 由 $FeSO_4 \cdot 7H_2O$、$K_4Fe(CN)_6 \cdot 3H_2O$ 的实验数据计算它们的 χ_M、μ_m 及 n(若为逆磁性物质,$\mu_m = 0$,$n = 0$)。

4. 根据未成对电子数 n,讨论这三种配位化合物中心离子的 d 电子结构及配位体场的强弱。

参考文献

1. 洪惠婵,黄钟奇编. 物理化学实验. 广州:中山大学出版社,1991

2. 南开大学化学系物理化学教研室编. 物理化学实验. 天津:南开大学出版社,1991

(戴国梁编)

实验 24   等径圆球的密堆积

一、实验目的

1.通过等径圆球的堆积来模拟金属单质中原子的堆积,了解金属单质的若干典型结构型式,加深对金属结构的了解。

2.掌握 A1、A2、A3 型堆积的特点。

3.掌握 A1 和 A3 型堆积中,每个晶胞中分摊到的金属原子数、正四面体空隙数和正八面体空隙数及其分布情况。

4.学会计算 A1、A2、A3 型堆积中,原子体积的空间占有率。

5.学会计算 A4 型堆积(金刚石结构)中 C 原子体积的空间占有率。

二、实验原理

固体可分为晶体、非晶体和准晶体三大类。固态物质是否为晶体,一般可由 X-射线衍射法予以鉴定。晶体内部质点在三维空间周期性重复有序排列,使其具有各自特别的晶体结构与形状。晶体按其内部结构不同,可分为七大晶系和 14 种晶格类型。晶体结构与组成粒子排列的紧密程度,会影响其熔点、密度、延展性等性质。以立方晶系为例,简单立方、体心立方和面心立方晶格的排列方式、粒子的配位数(每原子邻接之原子数)、单位晶胞中所含粒子数及填充紧密度均不相同。晶体结构中,单层晶格点排列的情形如图 9-3所示。图 9-3a 中,每一个代表晶格点的圆球配位数为 4,晶格点间的空隙较大,这种排列方式称为四方堆积。图 9-3b 中,第二行粒子排列在第一行相邻两个粒子的空隙间,排列较紧密,每一圆球的配位数为 6,这种排列方式称为最密堆积。最密堆积依层与层排列的差异又分为两种:如图 9-4b 所示为 ABAB⋯二层重复叠排,则为六方最密堆积;如图 9-4c为 ABCABC⋯三层重复叠排,则为立方最密堆积或称为面心立方。

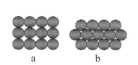

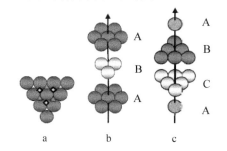

图 9-3   晶格中粒子的规则排列　　　**图 9-4   a.最密堆积;b.六方最密堆积;c.立方最密堆积**

三、预习要求

1.掌握由点阵结构抽象点阵的方法。

2.正确地确定点阵周期。

3.正确地确定结构基元。

4.正确地划分点阵素单位、复单位、正当单位。

5.学会从晶体外形确定晶轴系向量的方向和晶面指标。

四、仪器与试剂

仪器:塑料球棍分子模型 1 套(包括彩色塑料小球若干,另准备随意贴黏土数块,色纸 1 张);数码相机 1 台(公用)。

五、实验内容

1.密堆积层

取若干等径圆球,分别排列成密堆积层和四方平面层,比较它们的异同,填入表 9-3。设圆球半径为 R,球的配位数指与一个圆球直接接触的圆球数目;空隙中心到球面的最短距离用球半径 R 来表示。

表 9-3　几种金属单质中原子的密堆积

堆积方式	密堆积层	四方堆积层
每个球的配位数		
法线方向上的对称性		
空隙中心到球面的最短距离		
面积利用率		

2.等径圆球的最密堆积

将密堆积层按 ABAB… 和 ABCABC… 两种方式分别组成六方和立方最密堆积。各取一个晶胞,观察并填写表 9-4。

表 9-4　几种金属单质中原子的密堆积方式

堆积方式	六方(A3)	立方(A1)
每个球的配位数		
一个球平均占有的四面体空隙数		
一个球平均占有的八面体空隙数		
点阵型式		
密堆积层方向(用晶胞单位矢量表示)		
晶胞内球的分数坐标		

3.最密堆积中的空隙

(1)四面体空隙

一个四面体空隙由四个球构成,因此一个球在一个四面体中占有_____的空隙。一个球参与_____个四面体空隙的构成,因此平均一个球占有_____个四面体空隙。四面体空隙中心到球面的最短距离为_____(用球半径 R 表示)。

(2)八面体空隙

一个八面体空隙由六个球构成,因此一个球在一个八面体中占有_____的空隙。一个球参与_____个八面体空隙的构成,因此平均一个球占有_____个八面体空隙。八面体空隙中心到球面的最短距离为_____(用球半径 R 表示)。

4.体心立方堆积和简单立方堆积

将球做体心立方堆积和简单立方堆积,取其晶胞,观察并填写表 9-5。密置列是指球沿一维直线紧密排列。

表 9-5　体心立方堆积和简单立方堆积比较

堆积方式	体心立方	简单立方
密置列方向(用晶胞单位矢量表示)		
每个球的配位数		
晶胞内球的坐标		
空隙型式		
晶胞内空隙数		
空隙中心到球面的最短距离		
一个球平均占有的空隙数		

5.计算立方最密堆积、六方最密堆积、体心立方最密堆积、简单立方堆积和金刚石堆积等的堆积系数(空间利用率)。

六、数据记录与处理

观察上述模型,填写表 9-3～9-5。

参考文献

1.L.鲍林.化学键的本质.卢嘉锡等译.上海:上海科技出版社,1981

2.F.A.科顿.群论在化学中的应用.福州:福建科学技术出版社,1999

3.周公度,段连运.结构化学基础习题解析.北京:北京大学出版社,2002

4.邓存,刘怡春.结构化学基础(第 2 版).北京:高等教育出版社,1999

(戴国梁编)

第 9 章　结构化学

117

实验 25　离子晶体的结构

一、实验目的

1.通过观察和分析表 9-6 所列几个二元离子晶体的结构模型,加深对离子晶体的结构的了解。

2.自己动手制作和仔细观察分子模型,掌握分子的空间结构,加深对分子构型和分子性质的了解。

3.掌握典型 AB 型、AB_2 型离子晶体的结构特点。

4.掌握离子晶体中正负离子半径比、正负离子数量比(组成比)对离子晶体结构型式的影响。

5.掌握六种典型离子晶体中负离子堆积方式,正离子所占负离子多面体空隙类型和所占分数。

6.计算立方体配位、正八面体配位、正四面体配位、三角形配位情况下正负离子临界半径比。

二、实验原理

至于离子晶体,一般是较大的离子(通常为阴离子,离子半径以 r_- 表示)以最密堆积的形式排列,然后半径较小的离子(通常为阳离子,离子半径以 r_+ 表示)依离子半径比 (r_+/r_-) 安置于较大离子的空隙间,如四面体空隙、八面体空隙或立方体空隙中,使阳离子与阴离子间的吸引力最大、排斥力最小。以 NaCl 为例,氯离子以面心立方晶形排列,钠离子位于八面体空隙中。本实验以圆球代表晶体结构中各晶格点的原子、分子或离子,通过小棍堆叠成各式晶体模型,观察其立体形状及填充紧密度。

三、预习要求

1.熟悉晶体的七个晶系。

2.熟悉晶体宏观外形的对称性、32 个晶体学点群。

3.牢固掌握七个晶系的特征对称元素,由宏观晶体理想外形判断晶体所属的晶系。

4.由宏观晶体的理想外形判断其所属的晶体学点群。

5.熟悉晶体学点群国际记号中的三个位和等价方位数的含义。

四、仪器与试剂

仪器:塑料球棍分子模型 1 套(包括彩色塑料小球若干,另准备随意贴黏土数块、色纸 1 张);数码相机 1 台(公用)。

五、实验内容

以相同大小的小球为原子,依表 9-6 所示的图像组装简单立方、体心立方、面心立方晶体堆积,照相记录其形状,观察其堆积的紧密度、三度空间立体排列,及每个原子之邻接原子数(配位数),同时计算每单位晶格中所含原子数。

表 9-6　晶体模型

立方晶系	简单立方	体心立方	面心立方
组装图像			
配位数			
每单位晶格所含原子数			
晶体模型			
最密堆积	最密堆积	六方最密堆积	立方最密堆积
晶格			
离子晶体	(四面体空隙)ZnS	(八面体空隙)NaCl	(立方体空隙)CsCl
晶格			

【思考题】

1. 在 14 种点阵型式中,为什么有四方 I,而无四方 F? 为什么有正交 C,而无四方 C? 为什么有立方 F,而无立方 C? 根据什么原则确定点阵型式?

2. 结构基元、点阵点、晶胞和点阵型式等概念的正确含义和相互关系怎样?

六、数据记录与处理

1. 室温:_____℃;大气压:_____ Pa。

2. 根据实验内容填写表 9-7。

表 9-7　二元离子晶体的结构模型

晶　　体	NaCl	CsCl	ZnS(立方)	ZnS(六方)	CaF₂	TiO₂(金红石)
负离子堆积方式						
正负离子半径比						
正负离子数量比						
正离子占什么空隙						
负离子的配位数						
点阵型式						
结构单元及数目						
晶胞内正负离子数						
离子分数坐标(正离子)						
离子分数坐标(负离子)						

第 9 章　结构化学

3.根据晶体结构模型填写表 9-8。

表 9-8 离子晶体的结构

	氟化钙	氯化铯	氯化钠	金刚石	石墨	闪锌矿
结构基元						
点阵型式						
特征对称元素						
晶系						
正当晶胞中结构基元数						
原子分数坐标	只写 Ca^{2+} 坐标:					

参考文献

1.徐光宪和王祥云.物质结构.北京:高等教育出版社,1987

2.江元生.结构化学.北京:高等教育出版社,1997

3.谢有畅,邵美成.结构化学.北京:人民教育出版社,1983

4.赵林治,杨书廷编.结构化学实习实验指导.郑州:河南大学出版社,1992

（戴国梁编）

实验 26 偶极矩的测定

一、实验目的

1.掌握溶液法测定偶极矩的原理、方法和计算。

2.熟悉小电容仪、折射仪和比重瓶的使用。

3.测定正丁醇的偶极矩,了解偶极矩与分子电性质的关系。

二、实验原理

1.偶极矩与极化度

分子呈电中性,但因空间构型的不同,正负电荷中心可能重合,也可能不重合,前者称为非极性分子,后者称为极性分子,分子极性大小用偶极矩 μ 来度量,其定义为

$$\mu = qd \tag{9-15}$$

式中:q 为正负电荷中心所带的电荷量;d 是正负电荷中心间的距离。偶极矩的 SI 单位是库[仑]米(C·m);而过去习惯使用的单位是德拜(D),$1D = 3.338 \times 10^{-30} C·m$。

在不存在外电场时,非极性分子虽因振动,正负电荷中心可能发生相对位移而产生瞬时偶极矩,但宏观统计平均的结果,即实验测得的偶极矩为零。具有永久偶极矩的极性分子,由于受分子热运动的影响,偶极矩在空间各个方向的取向几率相等,偶极矩的统计平均值仍为零,即宏观上亦测不出其偶极矩。

当将极性分子置于均匀的外电场中,分子将沿电场方向转动,同时还会发生电子云对

分子骨架的相对移动和分子骨架的变形,称为极化。极化的程度用摩尔极化度 P 来度量。P 是转向极化度($P_{转向}$)、电子极化度($P_{电子}$)和原子极化度($P_{原子}$)之和。

$$P = P_{转向} + P_{电子} + P_{原子} \tag{9-16}$$

$$P_{转向} = \frac{4}{9}\pi N_A \frac{\mu^2}{kT} \tag{9-17}$$

式中:N_A 为阿伏伽德罗(Avogadro)常数;k 为玻尔兹曼(Boltzmann)常数;T 为热力学温度。

由于 $P_{原子}$ 在 P 中所占的比例很小,因此在不很精确的测量中可以忽略 $P_{原子}$,式(9-16)可写成

$$P = P_{转向} + P_{电子} \tag{9-18}$$

在低频电场($\nu < 10^{10}\,s^{-1}$)或静电场中测得 P;在 $\nu \approx 10^{15}\,s^{-1}$ 的高频电场(紫外可见光)中,由于极性分子的转向和分子骨架变形跟不上电场的变化,故 $P_{转向} = 0$,$P_{原子} = 0$,因此测得的是 $P_{电子}$。这样由式(9-18)可求得 $P_{转向}$,再由式(9-17)计算 μ。

通过测定偶极矩,可以了解分子中电子云的分布和分子对称性,判断几何异构体和分子的立体结构。

2.溶液法测定偶极矩

溶液法就是将极性待测物溶于非极性溶剂中进行测定,然后外推到无限稀释。因为在无限稀的溶液中,极性溶质分子所处的状态与它在气相时十分相近,此时分子的偶极矩可按下式计算

$$\mu = 0.0426 \times 10^{-30} \sqrt{(P_2^{\infty} - R_2^{\infty})T} \tag{9-19}$$

式中:P_2^{∞} 和 R_2^{∞} 分别表示无限稀时极性分子的摩尔极化度和摩尔折射度(习惯上用摩尔折射度表示折射法测定的 $P_{电子}$);T 是热力学温度。

本实验是将正丁醇溶于非极性的环己烷中形成稀溶液,然后在低频电场中测量溶液的介电常数和溶液的密度,求得 P_2^{∞},再在可见光下测定溶液的 R_2^{∞},然后由式(9-19)计算正丁醇的偶极矩。

(1)极化度的测定

无限稀时,溶质的摩尔极化度 P_2^{∞} 为

$$P = P_2^{\infty} = \lim_{x_2 \to 0} P_2 = \frac{3\varepsilon_1 \alpha}{(\varepsilon_1 + 2)^2} \cdot \frac{M_{r,1}}{\rho_1} + \frac{\varepsilon_1 - 1}{\varepsilon_1 + 2} \cdot \frac{M_{r,2} - \beta M_{r,1}}{\rho_1} \tag{9-20}$$

式中:ε_1、ρ_1、$M_{r,1}$ 分别是溶剂的介电常数、密度和相对分子质量,其中密度的单位是 $g \cdot mL^{-1}$;$M_{r,2}$ 为溶质的相对分子质量;α 和 β 为常数,可通过稀溶液的近似公式求得

$$\varepsilon_{溶} = \varepsilon_1(1 + \alpha x_2) \tag{9-21}$$

$$\rho_{溶} = \rho_1(1 + \beta x_2) \tag{9-22}$$

式中:$\varepsilon_{溶}$ 和 $\rho_{溶}$ 分别是溶液的介电常数和密度;x_2 是溶质的摩尔分数。

无限稀释时,溶质的摩尔折射度 R_2^{∞} 为

$$P_{电子} = R_2^{\infty} = \lim_{x_2 \to 0} R_2 = \frac{n_1^2 - 1}{n_1^2 + 2} \cdot \frac{M_{r,2} - \beta M_{r,1}}{\rho_1} + \frac{6n_1^2 M_{r,1}\gamma}{(n_1^2 + 2)^2 \rho_1} \tag{9-23}$$

式中:n_1 为溶剂的折射率;γ 为常数,可由稀溶液的近似公式求得

$$n_溶＝n_1(1＋\gamma x_2) \tag{9-24}$$

式中：$n_溶$ 是溶液的折射率。

(2)介电常数的测定

介电常数 ε 可通过测量电容来求算

$$\varepsilon_溶＝C_溶/C_0 \tag{9-25}$$

式中：C_0 为电容器在真空时的电容；$C_溶$ 为充满待测液时的电容。由于空气的电容非常接近 C_0，故式(9-25)改写成

$$\varepsilon_溶＝C_溶/C_空 \tag{9-26}$$

本实验利用电桥法测定电容，其桥路为变压器比例臂电桥，如图9-5所示，电桥平衡的条件是

$$\frac{C'_溶}{C_S}＝\frac{u_S}{u_x}$$

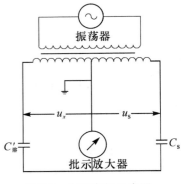

图 9-5　电容电桥示意图

式中：$C'_溶$ 为电容池两极间的电容；C_S 为标准差动电容器的电容。调节差动电容器，当 $C'_溶＝C_S$ 时，$u_S＝u_x$，此时指示放大器的输出趋近于零。C_S 可从刻度盘上读出，这样 $C'_溶$ 即可测得。由于整个测试系统存在分布电容，因此实测的电容 $C'_溶$ 是样品电容 $C_溶$ 和分布电容 C_d 之和，即

$$C'_溶＝C_溶＋C_d \tag{9-27}$$

显然，为了求 $C_溶$ 首先就要确定 C_d 值，方法是先测定无样品时空气的电容 $C'_空$，则有

$$C'_空＝C_空＋C_d \tag{9-28}$$

再测定一已知介电常数 $\varepsilon_标$ 的标准物质的电容 $C'_标$，则有

$$C'_标＝C_标＋C_d＝\varepsilon_标 C_空＋C_d \tag{9-29}$$

由式(9-28)和式(9-29)可得

$$C_d＝\frac{\varepsilon_标 C'_空－C'_标}{\varepsilon_标－1} \tag{9-30}$$

将 C_d 代入式(9-27)和(9-28)即可求得 $C_溶$ 和 $C_空$。这样就可计算待测液的介电常数。

三、预习要求

1.了解溶液法测定偶极矩的原理、方法和计算。

2.熟悉小电容仪、折射仪和比重瓶的使用。

四、仪器与试剂

仪器：小电容测量仪 1 台；阿贝折射仪 1 台；超级恒温槽 2 台；电吹风 1 只；比重瓶(10mL)1 只；滴瓶 5 只；滴管 1 支；移液管(2mL)5 支。

试剂：环己烷(分析纯)；正丁醇-环己烷溶液(正丁醇的摩尔分数分别为 0.04、0.06、0.08、0.10 和 0.12)。

五、实验内容

1.折射率的测定。

在 25℃条件下，用阿贝折射仪分别测定环己烷和五份正丁醇-环己烷溶液的折射率。

2.密度的测定。

在 25℃条件下，用比重瓶分别测定环己烷和五份正丁醇-环己烷溶液的密度。

3.电容的测定。

①将 PCM—1A 精密电容测量仪通电,预热 20min。

②先接一根电容仪与电容池连接线(只接电容仪,不接电容池),调节电位器,使数字表指示为零。

③将两根连接线都与电容池接好,此时数字表示值即为 $C'_{空}$ 值。

④用 2mL 移液管移取 2mL 环己烷加到电容池中,盖好,数字表示值即为 $C'_{标}$。

⑤将环己烷倒入回收瓶中,用冷风将样品室吹干后再测 $C'_{空}$ 值。比值与前面所测的 $C'_{空}$ 值应小于 0.02pF,否则表明样品室有残液,应继续吹干,然后装入溶液,同样方法测定五份正丁醇-环己烷溶液的 $C'_{溶}$。

【注意事项】

1.每次测定前要用冷风将电容池吹干,并重测 $C'_{空}$,与原来的 $C'_{空}$ 值相差应小于 0.02pF。严禁用热风吹样品室。

2.测 $C'_{溶}$ 时,操作应迅速,池盖要盖紧,防止样品挥发和吸收空气中极性较大的水汽。装样品的滴瓶也要随时盖严。

3.每次装入量严格相同,样品过多会腐蚀密封材料渗入恒温腔,实验无法正常进行。

4.要反复练习差动电容器旋钮、灵敏度旋钮和损耗旋钮的配合使月和调节,在能够正确寻找电桥平衡位置后,再开始测定样品的电容。

5.注意不要用力扭曲电容仪连接电容池的电缆线,以免损坏。

【思考题】

1.本实验测定偶极矩时做了哪些近似处理?

2.准确测定溶质的摩尔极化度和摩尔折射度时,为何要外推到无限稀释?

3.试分析实验中误差的主要来源,如何改进?

六、数据记录与处理

1.将所测数据列表。

2.根据式(9—30)和(9—28)计算 C_d 和 $C_{空}$。其中环己烷的介电常数与温度 t 的关系式为 $\varepsilon_{标} = 2.023 - 0.0016(t-20)$。

3.根据式(9—27)和(9—26)计算 $C_{溶}$ 和 $\varepsilon_{溶}$。

4.分别作 $\varepsilon_{溶} - x_2$ 图、$\rho_{溶} - x_2$ 图和 $n_{溶} - x_2$ 图,由各图的斜率求 α、β、γ。

5.根据式(9—20)和(9—23)分别计算 P_2^∞ 和 R_2^∞。

6.最后由式(9—19)求算正丁醇的 μ。

参考文献

1.郑传明,吕桂琴编.物理化学实验.北京:北京理工大学出版社,2005

2.吴肇亮编.物理化学实验.北京:中国石化出版社,1995

3.唐有祺.结晶化学.北京:高等教育出版社,1957

4.周公度.结构和物性:化学原理的应用.北京:高等教育出版社,2000

5.周公度.晶体结构的周期性和对称性.北京:高等教育出版社,1992

(钟爱国编)

第9章 结构化学

习　题

1. 确定下列分子或离子的点群。

I_3^- , ICl_3 , IF_5 , PCl_3 , PCl_3F_2 , PF_5 , SCl_2 , SF_6 , $SnCl_2$, XeF_4 , XeO_4

答: I_3^- , $D_{\infty h}$

　　ICl_3 , C_{2v}

　　IF_5 , C_{4v}

　　PCl_3 , C_{3v}

　　PCl_3F_2 , D_{3h}

　　PF_5 , D_{3h}

　　SCl_2 , C_{2v}

　　SF_6 , O_h

　　$SnCl_2$, C_{2v}

　　XeF_4 , D_{4h}

　　XeO_4 , T_d

2. 哪些类型点群的分子具有偶极矩?

答: 若分子中有两个或两个以上的对称元素交于一点, 该分子必无偶极矩; 否则就有偶极矩。属于 C_1、C_s、C_n、C_{nv} 群的分子有偶极矩; 属于 C_i、S_n、C_{nh}、D_n、D_{nh}、D_{nd}、T_d 和 O_h 群的分子无偶极矩。

3. 哪些类型点群的分子具有旋光性?

答: 有象转轴 S_n 的分子无旋光性; 无象转轴 S_n 的分子有旋光性。

由于 $S_1 = \sigma$, $S_2 = i$, 因此, 也可以说具有对称面、对称中心和象转轴 $S_{4n} (n = 1, 2, \cdots)$ 的分子无旋光性; 否则有旋光性。属于 C_1、C_n、D_n 点群的分子有旋光性。

4. 有一立方晶系 AB 型离子晶体, A 离子半径为 97pm, B 离子半径为 181pm, 按不等径圆球堆积的观点, 请给出:

①B 的堆积方式;

②A 占据 B 的什么空隙;

③A 占据该种空隙的分数;

④该晶体的结构基元;

⑤该晶体所属点阵类型。

答: $\dfrac{r_+}{r_-} = \dfrac{97}{181} = 0.54$

①A1 堆积;

②正八面体空隙;

③1;

④AB;

⑤立方 F。

5. Na_2O 为反萤石型(反 CaF_2 型)结构, $a = 555pm$, 求算:

①Na^+的半径(已知O^{2-}为140pm);

②晶体密度。

答:①100pm;

②2.41g·mL^{-1}。

6.在钛酸钙的立方晶胞中,O^{2-}与较大的Ca^{2+}联合构成A1型结构,较小的Ti^{4+}安放在O^{2-}的八面体空隙中,写出:

①Ca^{2+}、Ti^{4+}、O^{2-}的分数坐标;

②Ca^{2+}和Ti^{4+}分别与O^{2-}的配位数及彼此间距离;

③该晶体所属点阵。

答:①Ca^{2+}:(0,0,0) Ti^{4+}:$(\frac{1}{2},\frac{1}{2},\frac{1}{2})$ O^{2-}:$(\frac{1}{2},\frac{1}{2},0)(\frac{1}{2},0,\frac{1}{2})(0,\frac{1}{2},\frac{1}{2})$;

②Ca^{2+}的配位数为12,O^{2-}与Ca^{2+}距离为$\frac{1}{2}\sqrt{2a}$;Ti^{4+}的配位数为6,O^{2-}与Ti^{4+}距离为$\frac{1}{2}a$;

③简单立方点阵。

7.NiO晶体为NaCl型结构,将它在氧气中加热,部分Ni^{2+}被氧化成Ni^{3+},成为Ni_xO($x<1$)。今有一批Ni_xO,测得晶体密度为6.47g·mL^{-1},用波长$\lambda=0.154nm$的X-射线通过粉末衍射法测得立方晶胞(111)面($sin\theta=0.3208$),Ni相对原子质量为58.7。

①求出Ni_xO的立方晶胞参数;

②计算Ni_xO中的x值,写出注明Ni价态的化学式;

③在Ni_xO中负离子O^{2-}的堆积方式,Ni占据哪种空隙,其占据率是多少?

答:①$a=415.7pm$;

②$x=0.92$,化学式:$Ni_{0.16}^{+3}Ni_{0.76}^{+2}O$;

③负离子O^{2-}作立方最密堆积,Ni^{+3}和Ni^{+2}均填在由O^{2-}构成的八面体空隙中,其占有率为0.92。

8.半径为110pm的A原子进行最密堆积,B原子填满八面体空隙:

①这种结构属于什么型式;

②结构基元是什么;

③B原子间最近距离是多少;

④相邻B原子的配位多面体共用什么几何元素?

答:①NiAs型;

②2A和2B;

③163.3pm;

④共面。由键价理论判断可得:

络合物	未成对电子数	磁性
$[Fe(CN)_6]^{4-}$	0	逆磁性
$[Fe(CN)_6]^{3-}$	1	顺磁性
$[Mn(CN)_6]^{4-}$	1	顺磁性

$[Co(NO_2)_6]^{3-}$	0	逆磁性
$[Fe(H_2O)_6]^{3+}$	5	顺磁性
$[CoF_6]^{3-}$	4	顺磁性

由晶体场理论可得：

络合物	未成对电子数	磁 性
$[Fe(CN)_6]^{4-}$	0	逆磁性
$[Fe(CN)_6]^{2-}$	1	顺磁性
$[Mn(CN)_6]^{4-}$	1	顺磁性
$[Co(NO_2)_6]^{3-}$	0	逆磁性
$[Fe(H_2O)_6]^{3+}$	5	顺磁性
$[CoF_6]^{3-}$	4	顺磁性

附录 1　国际单位制(SI)

附表 1-1　SI 的基本单位

量		单 位	
名　称	符　号	名　称	符　号
长度	l	米	m
质量	m	千克	kg
时间	t	秒	s
电流	I	安[培]	A
热力学温度	T	开[尔文]	K
物质的量	n	摩[尔]	mol
发光强度	IV	坎[德拉]	cc

附表 1-2　SI 的一些导出单位

量		单 位		
名　称	符　号	名　称	符　号	定义式
频率	ν	赫[兹]	Hz	s^{-1}
能量	E	焦[耳]	J	$kg \cdot m^2 \cdot s^{-2}$
力	F	牛[顿]	N	$kg \cdot m \cdot s^{-2} = J \cdot m^{-1}$
压强	p	帕[斯卡]	Pa	$kg \cdot m^{-1} \cdot s^{-2} = N \cdot m^{-2}$
功率	P	瓦[特]	W	$kg \cdot m^2 \cdot s^{-3} = J \cdot s^{-1}$
电量;电荷	Q	库[仑]	C	$A \cdot s$
电位;电压;电动势;电势	U	伏[特]	V	$kg \cdot m^2 \cdot s^{-3} \cdot A^{-1} = J \cdot A^{-1} \cdot s^{-1}$
电阻	R	欧[姆]	Ω	$kg \cdot m^2 \cdot s^{-3} \cdot A^{-2} = V \cdot A^{-1}$
电导	G	西[门子]	S	$kg^{-1} \cdot m^{-2} \cdot s^3 \cdot A^2 = \Omega^{-1}$
电容	C	法[拉]	F	$A^2 \cdot s^4 \cdot kg^{-1} \cdot m^{-2} = A \cdot s \cdot V^{-1}$
磁通量密度(磁感应强度)	B	特[斯拉]	T	$kg \cdot s^{-2} \cdot A^{-1} = V \cdot s$
电场强度	E	伏特每米	$V \cdot m^{-1}$	$m \cdot kg \cdot s^{-3} \cdot A^{-1}$
黏度	η	帕斯卡秒	$Pa \cdot s$	$m^{-1} \cdot kg \cdot s^{-1}$
表面张力	σ	牛顿每米	$N \cdot m^{-1}$	$kg \cdot s^{-2}$
密度	ρ	千克每立方米	$kg \cdot m^{-3}$	$kg \cdot m^{-3}$
比热容	c	焦耳每千克每开	$J \cdot kg^{-1} \cdot K^{-1}$	$m^2 \cdot s^{-2} \cdot K^{-1}$
容热容量;熵	S	焦耳每开	$J \cdot K^{-1}$	$m^2 \cdot kg \cdot s^{-2} \cdot K^{-1}$

附表1-3 SI词头

因数	词冠	名称	词冠符号	因数	词冠	名称	词冠符号
10^{12}	tera	太	T	10^{-1}	Deci	分	d
10^{9}	g_ga	吉	G	10^{-2}	Centi	厘	c
10^{6}	mega	兆	M	10^{-3}	Milli	毫	m
10^{3}	kilo	千	k	10^{-6}	Micro	微	μ
10^{2}	hecto	百	h	10^{-9}	Nano	纳	n
10^{1}	deca	十	da	10^{-12}	Pico	皮	p

附录2 一些物理和化学的基本常数

量	符号	数值	单位	相对不确定度(1×10^{6})
光速	c	299792458	$m \cdot s^{-1}$	定义值
真空磁导率	μ_0	4π	$10^{-7} N \cdot A^{-2}$	定义值
真空电容率	ε_0	8.854187817…	$10^{-12} F \cdot m^{-1}$	定义值
牛顿引力常数	G	6.67259(85)	$10^{-11} m^3 \cdot kg^{-1} \cdot s^{-2}$	128
普朗克常数	h	6.6260755(40)	$10^{-34} J \cdot s$	0.60
基本电荷	e	1.60217733(49)	$10^{-19} C$	0.30
电子质量	m_e	0.91093897(54)	$10^{-30} kg$	0.59
质子质量	m_p	1.6726231(10)	$10^{-27} kg$	0.59
质子-电子质量比	m_p/m_e	1836.152701(37)		0.020
精细结构常数	α	7.29735308(33)$\times 10^{-3}$		0.045
里德伯常数	R_∞	10973731.534(13)	m^{-1}	0.0012
阿伏伽德罗常数	N_A	6.0221367(36)	$10^{23} mol^{-1}$	0.59
法拉第常数	F	96485.309(29)	$C \cdot mol^{-1}$	0.30
摩尔气体常数	R	8.314510(70)	$J \cdot mol^{-1} \cdot K^{-1}$	8.4
玻尔兹曼常数	k	1.380658(12)	$10^{-23} J \cdot K^{-1}$	8.5
斯式藩-玻尔兹曼常数	σ	5.67051(12)	$10^{-8} W \cdot m^{-2} \cdot K^{-4}$	34
电子伏	eV	1.60217733(49)	$10^{-19} J$	0.30
原子质量常数	u	1.6605402(10)	$10^{-27} kg$	0.59

附录 3　常用的单位换算

单位名称	符号	折合 SI	单位名称	符号	折合 SI
力的单位			功及能量单位		
公斤力	kgf	$=9.80665N$	公斤力·米	kgf·m	$=9.80665J$
达因	dyn	$=10^{-5}N$	尔格	erg	$=10^{-7}J$
黏度单位			升·大压	L·atm	$=101.328J$
泊	P	$=0.1N·S·m^{-2}$	瓦特·小时	W·h	$=3600J$
厘泊	CP	$=10^{-3}N·S·m^{-2}$	卡	cal	$=4.1868J$
压力单位			功率单位		
毫巴	mbar	$=100N·m^{-2}(Pa)$	公斤力·米·秒$^{-1}$	kgf·m·s^{-1}	$=9.80665W$
达因·厘米$^{-2}$	dyn·cm^{-2}	$=0.1N·m^{-2}(Pa)$	尔格·秒$^{-1}$	erg·s^{-1}	$=10^{-7}W$
公斤力·厘米$^{-2}$	kgf·cm^{-2}	$=98066.5N·m^{-2}(Pa)$	大卡·小时$^{-1}$	kcal·h^{-1}	$=1.163W$
工程大气压	af	$=98066.5N·m^{-2}(Pa)$	卡·秒$^{-1}$	cal·s^{-1}	$=4.1868W$
标准大气压	atm	$=101324.7N·m^{-2}(Pa)$	电磁单位		
毫米水高	mmH$_2$O	$=9.80665N·m^{-2}(Pa)$	伏·秒	V·s	$=1Wb$
毫米汞高	mmHg	$=133.322N·m^{-2}(Pa)$	安·小时	A·h	$=3600C$
比热单位			德拜	D	$=3.334×10^{-30}C·m$
卡·克$^{-1}$·度$^{-1}$	cal·g^{-1}·℃$^{-1}$	$=4186.8J·kg^{-1}·℃^{-1}$	高斯	G	$=10^{-4}T$
尔格·克$^{-1}$·度$^{-1}$	erg·g^{-1}·℃$^{-1}$	$=10^{-4}J·kg^{-1}·℃^{-1}$	奥斯特	Oe	$=79.5775A·m^{-1}$

附录 4　不同温度下水的蒸气压

单位：Pa

$t/℃$	0.0	0.2	0.4	0.6	0.8	$t/℃$	0.0	0.2	0.4	0.6	0.8
−13	225.45	221.98	218.25	214.78	211.32	0	610.48	619.35	628.61	637.95	647.28
−12	244.51	240.51	236.78	233.05	229.31	1	656.74	666.34	675.94	685.81	685.81
−11	264.91	260.64	256.51	252.38	248.38	2	705.81	716.94	726.20	736.60	747.27
−10	286.51	282.11	277.84	273.31	269.04	3	757.94	768.73	779.67	790.73	801.93
−9	310.11	305.17	300.51	295.84	291.18	4	713.40	824.86	836.46	848.33	860.33
−8	335.17	329.97	324.91	319.84	314.91	5	872.33	884.59	896.99	909.52	922.19
−7	361.97	356.50	351.04	345.70	340.37	6	934.99	948.05	961.12	974.45	988.05
−6	390.77	384.90	379.03	373.30	367.57	7	1001.65	1015.51	1029.51	1043.64	1058.04
−5	421.70	415.30	409.17	402.90	396.77	8	1072.58	1087.24	1102.17	1117.24	1132.44
−4	454.63	447.83	441.16	434.50	428.10	9	1147.77	1163.50	1179.23	1195.23	1211.36
−3	489.69	482.63	475.56	468.49	461.43	10	1227.76	1244.29	1260.96	1277.89	1295.09
−2	527.42	519.69	512.09	504.62	497.29	11	1312.42	1330.02	1347.75	1365.75	1383.88
−1	567.69	559.42	551.29	543.29	535.42	12	1402.28	1420.95	1439.74	1458.68	1477.87
−0	610.48	601.68	593.02	584.62	575.95	13	1497.34	1517.07	1536.94	1557.20	1577.60

$t/℃$	0.0	0.2	0.4	0.6	0.8	$t/℃$	0.0	0.2	0.4	0.6	0.8
14	1598.13	1619.06	1640.13	1661.46	1683.06	58	18142.5	18305.1	18465.1	18651.7	18825.1
15	1704.92	1726.92	1749.32	1771.85	1794.65	59	19011.7	19185.0	19358.4	19545.0	19731.7
16	1817.71	1841.04	1864.77	1888.64	1912.77	60	19915.6	20091.6	20278.3	20464.9	20664.9
17	1937.17	1961.83	1986.90	2012.10	2037.69	61	20855.6	21038.2	21238.2	21438.2	21638.2
18	2063.42	2089.56	2115.95	2142.62	2169.42	62	21834.1	22024.8	22238.1	22438.1	22638.1
19	2196.75	2224.48	2252.34	2280.47	2309.00	63	22848.7	23051.4	23264.7	23478.0	23691.3
20	2337.80	2366.87	2396.33	2426.06	2456.06	64	23906.0	24117.9	24331.3	24557.9	24771.2
21	2486.46	2517.12	2548.18	2579.65	2611.38	65	25003.2	25224.5	25451.2	25677.8	25904.5
22	2643.38	2675.77	2708.57	2741.77	2775.10	66	26143.1	26371.1	26597.7	26837.7	27077.7
23	2808.83	2842.96	2877.49	2912.42	2947.75	67	27325.7	27571.0	27811.0	28064.3	28304.3
24	2983.35	3019.48	3056.01	3092.80	3129.37	68	28553.6	28797.6	29064.2	29317.5	29570.8
25	3167.20	3204.93	3243.19	3281.99	3321.32	69	29328.1	30090.8	30357.4	30624.1	30890.7
26	3360.91	3400.91	3441.31	3481.97	3523.27	70	31157.4	31424.0	31690.6	31957.3	32237.3
27	2564.90	3607.03	3649.56	3629.49	3735.82	71	32517.2	32797.2	33090.5	33370.5	33650.5
28	3779.55	3823.67	3868.34	3913.53	3959.26	72	33943.8	34237.1	34580.4	34823.7	35117.0
29	4005.39	4051.92	4098.98	4146.58	4194.44	73	35423.7	35730.3	36023.6	36343.6	36636.9
30	4242.84	4291.77	4341.10	4390.83	4441.09	74	36956.9	37250.2	37570.1	37890.1	38210.1
31	4492.28	4544.28	4595.74	4648.14	4701.07	75	38543.4	38863.4	39196.7	39516.6	39836.6
32	4754.66	4808.66	4863.19	4918.38	4973.98	76	40183.3	40503.2	40849.9	41183.2	41516.5
33	5030.11	5086.90	5144.10	5201.96	5260.49	77	41876.4	42209.7	42556.4	42929.7	43276.3
34	5319.28	5378.74	5439.00	5499.67	5560.86	78	43636.3	43996.3	44369.0	44742.9	45089.5
35	5622.86	5685.38	5748.44	5812.17	5876.57	79	45462.8	45836.1	46209.4	46582.7	46956.0
36	5941.23	6006.69	6072.68	6139.48	6206.94	80	47342.6	47729.3	48129.2	48502.5	48902.5
37	6275.07	6343.73	6413.05	6483.05	6553.71	81	49289.1	49675.8	50075.7	50502.4	50902.3
38	6625.04	6696.90	6769.29	6842.49	6916.61	82	51315.6	51728.9	52155.6	52582.2	52982.2
39	6991.67	7067.22	7143.39	7220.19	7297.65	83	53408.8	53835.4	54262.1	54688.7	55142.0
40	7375.91	7454.0	7534.0	7614.0	7695.3	84	55568.6	56021.9	56475.2	56901.8	57355.1
41	7778.0	7860.7	7943.3	8028.7	8114.0	85	57808.4	58261.7	58715.0	59195.0	59661.6
42	8199.3	8284.6	8372.6	8460.6	8548.6	86	60114.9	60581.5	61061.5	61541.4	62021.4
43	8639.3	8729.9	8820.6	8913.9	9007.2	87	62488.0	62981.3	63461.3	63967.9	64447.9
44	9100.6	9195.2	9291.2	9387.2	9484.5	88	64941.1	65461.1	65954.4	66461.0	66954.3
45	9583.2	9681.8	9780.5	9881.8	9983.2	89	67474.3	67994.2	68514.2	69034.1	69567.4
46	10085.8	10189.8	10293.8	10399.1	10505.8	90	70095.4	70630.0	71167.3	71708.0	72253.9
47	10612.4	10720.4	10829.7	10939.1	11048.4	91	72800.5	73351.1	73907.1	74464.3	75027.0
48	11160.4	11273.7	11388.4	11503.0	11617.7	92	75592.2	76161.5	76733.5	77309.4	77889.4
49	11735.0	11852.3	11971.0	12091.0	12211.0	93	78473.3	79059.9	79650.6	80245.2	80843.8
50	12333.6	12465.6	12585.0	12705.0	12838.9	94	81446.4	82051.7	82661.0	83274.3	83891.5
51	12958.9	13092.2	13212.2	13345.5	13478.9	95	84512.8	85138.1	85766.0	86399.3	87035.3
52	13610.8	13745.5	13878.8	14012.1	14158.8	96	87675.2	88319.2	88967.1	89619.0	90275.0
53	14292.1	14425.4	14572.1	14718.7	14852.1	97	90934.9	91597.5	92265.5	92938.8	93614.7
54	15000.1	15145.4	15292.0	15438.7	15585.3	98	94294.7	94978.6	95666.5	96358.5	97055.7
55	15737.3	15878.7	16038.6	16198.6	16345.3	99	97757.0	98462.3	99171.6	99884.5	100602.1
56	16505.3	16665.3	16825.2	16985.2	17145.2	100	101324.7	102051.3	102781.9	103516.5	104257.8
57	17307.9	17465.2	17638.5	17798.5	17958.5	101	105000.4	105748.3	106500.3	107257.5	108018.8

摘自:印永嘉主编. 物理化学简明手册. 北京:高等教育出版社,1988

附录 5 有机化合物的蒸气压

化合物	分子式	温度范围/℃	A	B	C
四氯化碳	CCl_4	$-15\sim80$	6.87926	1212.021	226.41
氯仿	$CHCl_3$	$-30\sim150$	6.90328	1163.03	227.4
甲醇	CH_4O	$-14\sim65$	7.89750	1474.08	229.13
1,2-二氯乙烷	$C_2H_4Cl_2$	$-31\sim99$	7.0253	1271.3	222.9
醋酸	$C_2H_4O_2$	$0\sim36$	7.80307	1651.2	225
		$36\sim170$	7.18807	1416.7	211
乙醇	C_2H_6O	$-2\sim100$	8.32109	1718.10	237.52
丙酮	C_3H_6O	$-30\sim150$	7.02447	1161.0	224
异丙醇	C_3H_8O	$0\sim101$	8.11778	1580.92	219.61
乙酸乙酯	$C_4H_8O_2$	$-20\sim150$	7.09808	1238.71	217.0
正丁醇	$C_4H_{10}O$	$15\sim131$	7.47680	1362.39	178.77
苯	C_6H_6	$-20\sim150$	6.90561	1211.033	220.790
环己烷	C_6H_{12}	$20\sim81$	6.84130	1201.53	222.65
甲苯	C_7H_8	$-20\sim150$	6.95464	1344.80	219.482
乙苯	C_8H_{10}	$26\sim164$	6.95719	1424.255	213.21

注:表中各化合物的蒸气压 p 可用 $\lg p = A - \dfrac{B}{(C+t)} + D$ 计算。式中:A、B、C 为三常数;t 为温度,单位为℃;D 为压力单位的换算因子,其值为 2.1249;p 的单位为 Pa

摘自: J. A. Dean. *Lange's Handbook of Chemistry*. New York: McGraw-Hill Book Company Inc. ,1979

附录 6 有机化合物的密度

化合物	ρ_0	α	β	γ	温度范围/℃
四氯化碳	1.63255	-1.9110	-0.690		$0\sim40$
氯仿	1.52643	-1.8563	-0.5309	-8.81	$-53\sim55$
乙醚	0.73629	-1.1138	-1.237		$0\sim70$
乙醇	0.78506 ($t_0=25$℃)	-0.8591	-0.56	-5	
醋酸	1.0724	-1.1229	0.0058	-2.0	$9\sim100$
丙酮	0.81248	-1.100	-0.858		$0\sim50$
异丙醇	0.8014	-0.809	-0.27		$0\sim25$
正丁醇	0.82390	-0.699	-0.32		$0\sim47$
乙酸甲酯	0.95932	-1.2710	-0.405	-6.00	$0\sim100$
乙酸乙酯	0.92454	-1.168	-1.95	20	$0\sim40$
环己烷	0.79707	-0.8879	-0.972	1.55	$0\sim65$
苯	0.90005	-1.0638	-0.0376	-2.213	$11\sim72$

注:表中有机化合物的密度可用方程式 $\rho_t = \rho_0 + 10^{-3}\alpha(t-t_0) + 10^{-6}\beta(t-t_0)^2 + 10^{-9}\gamma(t-t_0)^3$ 计算。式中:ρ_0 为 0℃时的密度,单位为 $g \cdot mL^{-1}$

摘自:E. W. Washburn, C. J. West, C. Hill. *International Critical Tables of Numerical Data*, *Physics*, *Chemistry and Technology*. New York: McGraw-Hill Book Company Inc. ,1928

附录 物理化学常用数据表

附录 7 水的密度

$t/℃$	$10^{-3}\rho/(kg \cdot m^{-3})$	$t/℃$	$10^{-3}\rho/(kg \cdot m^{-3})$	$t/℃$	$10^{-3}\rho/(kg \cdot m^{-3})$
0	0.99987	20	0.99823	40	0.99224
1	0.99993	21	0.99802	41	0.99186
2	0.99997	22	0.99780	42	0.99147
3	0.99999	23	0.99756	43	0.99107
4	1.00000	24	0.99732	44	0.99066
5	0.99999	25	0.99707	45	0.99025
6	0.99997	26	0.99681	46	0.98982
7	0.99997	27	0.99654	47	0.98940
8	0.99988	28	0.99626	48	0.98896
9	0.99978	29	0.99597	49	0.98852
10	0.99973	30	0.99567	50	0.98807
11	0.99963	31	0.99537	51	0.98762
12	0.99952	32	0.99505	52	0.98715
13	0.99940	33	0.99473	53	0.98669
14	0.99927	34	0.99440	54	0.98621
15	0.99913	35	0.99406	55	0.98573
16	0.99897	36	0.99371	60	0.98324
17	0.99880	37	0.99336	65	0.98059
18	0.99862	38	0.99299	70	0.97781
19	0.99843	39	0.99262	75	0.97489

摘自：E. W. Washburn，C. J. West，C. Hill. *International Critical Tables of Numerical Data*，*Physics*，*Chemistry and Technology*. New York：McGraw-Hill Book Company Inc. ，1928

附录 8 乙醇水溶液的混合体积与浓度的关系

$w_{乙醇}/\%$	$V_{混}/mL$	$w_{乙醇}/\%$	$V_{混}/mL$
20	103.24	60	112.22
30	104.84	70	115.25
40	106.93	80	118.56
50	109.43		

注：温度为 20℃，混合物的质量为 100g

摘自：傅献彩等编. 物理化学（上册）. 北京：人民教育出版社，1979

附录 9　25℃下某些液体的折射率

化合物	$n_D^{25℃}$	化合物	$n_D^{25℃}$
甲醇	1.326	四氯化碳	1.459
乙醚	1.352	乙苯	1.493
丙酮	1.357	甲苯	1.494
乙醇	1.359	苯	1.498
醋酸	1.370	苯乙烯	1.545
乙酸乙酯	1.370	溴苯	1.557
正己烷	1.372	苯胺	1.583
1-丁醇	1.397	溴仿	1.587
氯仿	1.444		

摘自:R. C. Weast. *CRC Handbook of Chemistry and Physics*(63th ed.). Florida:CRC Press,1982

附录 10　水在不同温度下的折射率、黏度和介电常数

$t/℃$	n_D	$10^3\eta/(kg \cdot m^{-1} \cdot s^{-1})$*	ε
0	1.33395	1.7702	87.74
5	1.33388	1.5108	85.76
10	1.33369	1.3039	83.83
15	1.33339	1.1374	81.95
17	1.33324	1.0828	
19	1.33307	1.0299	
20	1.33300	1.0019	80.10
21	1.33290	0.9764	79.73
22	1.33280	0.9532	79.38
23	1.33271	0.9310	79.02
24	1.33261	0.9100	78.65
25	1.33250	0.8903	78.30
26	1.33240	0.8703	77.94
27	1.33229	0.8512	77.60
28	1.33217	0.8328	77.24
29	1.33206	0.8145	76.90
30	1.33194	0.7973	76.55
35	1.33131	0.7190	74.83
40	1.33061	0.6526	73.15
45	1.32985	0.5972	71.51
50	1.32904	0.5468	69.91

注:黏度单位为每平方米秒牛顿,即 N·s·m^{-2}或 kg·m^{-1}·s^{-1}或 Pa·s(帕·秒)

摘自:J. A. Dean. *Lange's Handbook of Chemistry*. New York:McGraw-Hill Book Company Inc.,1985

附录 11　不同温度下水的表面张力

$t/℃$	$10^3\sigma/(\text{N}\cdot\text{m}^{-1})$	$t/℃$	$10^3\sigma/(\text{N}\cdot\text{m}^{-1})$	$t/℃$	$10^3\sigma/(\text{N}\cdot\text{m}^{-1})$	$t/℃$	$10^3\sigma/(\text{N}\cdot\text{m}^{-1})$
0	75.64	17	73.19	26	71.82	60	66.18
5	74.92	18	73.05	27	71.66	70	64.42
10	74.22	19	72.90	28	71.50	80	62.61
11	74.07	20	72.75	29	71.35	90	60.75
12	73.93	21	72.59	30	71.18	100	58.85
13	73.78	22	72.44	35	70.38	110	56.89
14	73.64	23	72.28	40	69.56	120	54.89
15	73.59	24	72.13	45	68.74	130	52.84
16	73.34	25	71.97	50	67.91		

摘自：J. A. Dean. *Lange's Handbook of Chemistry*. New York：McGraw-Hill Book Company Inc. ,1973

附录 12　几种溶剂的冰点下降常数

溶剂	纯溶剂的凝固点/℃	K_f*
水	0	1.853
醋酸	16.6	3.90
苯	5.533	5.12
对二氧六环	11.7	4.71
环己烷	6.54	20.0

* K_f 是指 1mol 溶质溶解在 1000g 溶剂中的冰点下降常数

摘自：J. A. Dean. *Lange's Handbook of Chemistry*. New York：McGraw-Hill Book Company Inc. ,1985

附录 13　金属混合物的熔点

单位：℃

金属		金属（Ⅱ）的质量分数/%										
Ⅰ	Ⅱ	0	10	20	30	40	50	60	70	80	90	100
Pb	Sn	326	295	276	262	240	220	190	185	200	216	232
	Sb	326	250	275	330	395	440	490	525	560	600	632
Sb	Bi	632	610	590	575	555	540	520	470	405	330	268
	Zn	632	555	510	540	570	565	540	525	510	470	419

摘自：R. C. Weast. *CRC Handbook of Chemistry and Physics*(66th ed.). Florida：CRC Press,1985

附录 14　无机化合物的脱水温度

水合物	脱水	$t/℃$
$CuSO_4 \cdot 5H_2O$	$-2H_2O$	85
	$-4H_2O$	115
	$-5H_2O$	230
$CaCl_2 \cdot 6H_2O$	$-4H_2O$	30
	$-6H_2O$	200
$CaSO_4 \cdot 2H_2O$	$-1.5H_2O$	128
	$-2H_2O$	163
$Na_2B_4O_7 \cdot 10H_2O$	$-8H_2O$	60
	$-10H_2O$	320

摘自:印永嘉主编.大学化学手册.济南:山东科学技术出版社,1985

附录 15　常压下共沸物的沸点和组成

共沸物		各组分的沸点/℃			共沸物的性质
甲组分	乙组分	甲组分	乙组分	共沸物	甲组分的质量分数/%
苯	乙醇	80.1	78.3	67.9	68.3
环己烷	乙醇	80.8	78.3	64.8	70.8
正己烷	乙醇	68.9	78.3	58.7	79.0
乙酸乙酯	乙醇	77.1	78.3	71.8	69.0
乙酸乙酯	环己烷	77.1	80.7	71.6	56.0
异丙醇	环己烷	82.4	80.7	69.4	32.0

摘自:R. C. Weast. *CRC Handbook of Chemistry and Physics*(66th ed.). Florida: CRC Press,1985

附录 16　无机化合物的标准溶解热

化合物	$\Delta_{sol}H_m/(kJ \cdot mol^{-1})$	化合物	$\Delta_{sol}H_m/(kJ \cdot mol^{-1})$
$AgNO_3$	22.47	KI	20.50
$BaCl_2$	-13.22	KNO_3	34.73
$Ba(NO_3)_2$	40.38	$MgCl_2$	-155.06
$Ca(NO_3)_2$	-18.87	$Mg(NO_3)_2$	-85.48
$CuSO_4$	-73.26	$MgSO_4$	-91.21
KBr	20.04	$ZnCl_2$	-71.46
KCl	17.24	$ZnSO_4$	-81.38

注:此溶解热是指 25℃时,标准状态下 1mol 纯物质溶于水生成 1mol·L^{-1}的理想溶液过程的热效应

摘自:日本化学会编.化学便览(基础编Ⅱ).东京:丸善株式会社,1966

附录 17　不同温度下 KCl 在水中的溶解热

$t/℃$	$\Delta_{sol}H_m/kJ$	$t/℃$	$\Delta_{sol}H_m/kJ$
10	19.895	20	18.297
11	19.795	21	18.146
12	19.623	22	17.995
13	19.598	23	17.682
14	19.276	24	17.703
15	19.100	25	17.556
16	18.933	26	17.414
17	18.765	27	17.272
18	18.602	28	17.138
19	18.443	29	17.004

注:此溶解热是指 1mol KCl 溶于 200mol 水时放出的溶解热
摘自:吴肇亮等编.物理化学实验.北京:石油大学出版社,1990

附录 18　18～25℃ 下难溶化合物的溶度积

化合物	K_{sp}	化合物	K_{sp}
AgBr	4.95×10^{-13}	$BaSO_4$	1.1×10^{-10}
AgCl	1.77×10^{-10}	$Fe(OH)_3$	4×10^{-38}
AgI	8.3×10^{-17}	$PbSO_4$	1.6×10^{-8}
Ag_2S	6.3×10^{-52}	CaF_2	2.7×10^{-11}
$BaCO_3$	5.1×10^{-9}		

摘自:顾庆超等编.化学用表.南京:江苏科学技术出版社,1979

附录 19　有机化合物的标准摩尔燃烧焓

化合物	分子式	$t/℃$	$-\Delta_C H_m^{\ominus}/(kJ\cdot mol^{-1})$
甲醇	$CH_3OH(l)$	25	726.51
乙醇	$C_2H_5OH(l)$	25	1366.8
甘油	$(CH_2OH)_2CHOH(l)$	20	1661.0
苯	$C_6H_6(l)$	20	3267.5
己烷	$C_6H_{14}(l)$	25	4163.1
苯甲酸	$C_6H_5COOH(s)$	20	3226.9
樟脑	$C_{10}H_{16}O(s)$	20	5903.6
萘	$C_{10}H_8(s)$	25	5153.8
尿素	$NH_2CONH_2(s)$	25	631.7

摘自:R.C.Weast. *CRC Handbook of Chemistry and Physics* (66th ed.). Florida: CRC Press,1985

附录 20　18℃下水溶液中阴离子的迁移数

电解质	$c/(mol \cdot L^{-1})$					
	0.01	0.02	0.05	0.1	0.2	0.5
NaOH			0.81	0.82	0.82	0.82
HCl	0.167	0.166	0.165	0.164	0.163	0.160
KCl	0.504	0.504	0.505	0.506	0.506	0.510
KNO_3(25℃)	0.4916	0.4913	0.4907	0.4897	0.4880	
H_2SO_4	0.175		0.172	0.175		0.175

摘自：B. A. 拉宾诺维奇等著. 简明化学手册. 尹永烈等译. 北京：化学工业出版社，1983

附录 21　不同温度下 HCl 水溶液中阳离子的迁移数

$m_+^{**}/$ $(mol \cdot kg^{-1})$	$t/℃$						
	10	15	20	25	30	35	40
0.01	0.841	0.835	0.830	0.825	0.821	0.816	0.811
0.02	0.842	0.836	0.832	0.827	0.822	0.818	0.813
0.05	0.844	0.838	0.834	0.830	0.825	0.821	0.816
0.1	0.846	0.840	0.837	0.832	0.828	0.823	0.819
0.2	0.847	0.843	0.839	0.835	0.830	0.827	0.823
0.5	0.850	0.846	0.842	0.838	0.834	0.831	0.827
1.0	0.852	0.848	0.844	0.841	0.837	0.833	0.829

注：* t_+ 为阳离子的迁移数；** m_+ 为阳离子的质量摩尔浓度

摘自：B. E. Conway. *Electrochemical Data*. New York：Plenum Publing Corporation，1952

附录 22　均相热反应的反应速率常数

（1）蔗糖水解的反应速率常数

$c_{HCl}/(mol \cdot L^{-1})$	$10^3 k/min^{-1}$		
	298.2K	308.2K	318.2K
0.4137	4.043	17.00	60.62
0.9000	11.16	46.76	148.8
1.214	17.455	75.97	

（2）乙酸乙酯皂化反应的反应速率常数与温度的关系为 $\lg k = -1780 T^{-1} + 0.00754 T + 4.530$。式中：$k$ 的单位为 $L \cdot mol^{-1} \cdot min^{-1}$

（3）丙酮碘化反应的反应速率常数 $k(25℃) = 1.71 \times 10^{-3}$ $L \cdot mol^{-1} \cdot min^{-1}$；$k(35℃) = 5.284 \times 10^{-3}$ $L \cdot mol^{-1} \cdot min^{-1}$

摘自：E. W. Washburn, C. J. West, C. Hill. *International Critical Tables of Numerical Data, Physics, Chemistry and Technology*. New York：McGraw-Hill Book Company Inc.，1928

附录 23 25℃ 下醋酸在水溶液中的电离度和离解常数

$c/(\text{mol} \cdot \text{m}^{-3})$	α	$10^2 K_c/(\text{mol} \cdot \text{m}^{-3})$
0.2184	0.2477	1.751
1.028	0.1238	1.751
2.414	0.0829	1.750
3.441	0.0702	1.750
5.912	0.05401	1.749
9.842	0.04223	1.747
12.83	0.03710	1.743
20.00	0.02987	1.738
50.00	0.01905	1.721
100.00	0.01350	1.695
200.00	0.00949	1.645

摘自:陶坤译.苏联化学手册(第3册).北京:科学出版社,1963

附录 24 不同浓度不同温度下 KCl 水溶液的电导率

$c/(\text{mol} \cdot \text{L}^{-1})$ $t/℃$	$10^2 \kappa/(\text{S} \cdot \text{m}^{-1})$			
	1.000	0.1000	0.0200	0.0100
0	0.06541	0.00715	0.001521	0.000776
5	0.07414	0.00822	0.001752	0.000896
10	0.08319	0.00933	0.001994	0.001020
15	0.09252	0.01048	0.002243	0.001147
20	0.10207	0.01167	0.002501	0.001278
25	0.11180	0.01288	0.002765	0.001413
26	0.11377	0.01313	0.002819	0.001441
27	0.11574	0.01337	0.002873	0.001468
28		0.01362	0.002927	0.001496
29		0.01387	0.002981	0.001524
30		0.01412	0.003036	0.001552
35		0.01539	0.003312	

摘自:复旦大学等编.物理化学实验(第2版).北京:高等教育出版社,1995

附录 25　高分子化合物特性黏度与相对分子质量关系式中的参数

高聚物	溶剂	$t/℃$	$10^3K/(L \cdot kg^{-1})$	α	相对分子质量范围 $M_r \times 10^{-4}$
聚丙烯酰胺	水	30	6.31	0.80	2～50
	水	30	68	0.66	1～20
	1mol·L^{-1} NaNO$_3$	30	37.3	0.66	
聚丙烯腈	二甲基甲酰胺	25	16.6	0.81	5～27
聚甲基丙烯酸甲酯	丙酮	25	7.5	0.70	3～93
聚乙烯醇	水	25	20	0.76	0.6～2.1
	水	30	66.6	0.64	0.6～16
聚己内酰胺	40%H$_2$SO$_4$	25	59.2	0.69	0.3～1.3
聚醋酸乙烯酯	丙酮	25	10.8	0.72	0.9～2.5

摘自:印永嘉主编.大学化学手册.济南:山东科学技术出版社,1985

附录 26　无限稀释离子的摩尔电导率和温度系数

离子	$10^4\lambda/(S \cdot m^2 \cdot mol^{-1})$				α^*
	0℃	18℃	25℃	50℃	
H$^+$	225	315	349.8	464	C.0142
K$^+$	40.7	63.9	73.5	114	C.0173
Na$^+$	26.5	42.8	50.1	82	C.0188
NH$_4^+$	40.2	63.9	74.5	115	C.0188
Ag$^+$	33.1	53.5	61.9	101	C.0174
1/2Ba^{2+}	34.0	54.6	63.6	104	0.0200
1/2Ca^{2+}	31.2	50.7	59.8	96.2	0.0204
1/2Pb^{2+}	37.5	60.5	69.5		0.0194
OH$^-$	105	171	198.3	(284)	0.0186
Cl$^-$	41.0	66.0	76.3	(116)	0.0203
NO$_3^-$	40.0	62.3	71.5	(104)	0.0195
C$_2$H$_3$O$_2^-$	20.0	32.5	40.9	(67)	0.0244
1/2SO$_4^{2-}$	41	68.4	80.0	(125)	0.0206
F$^-$		47.3	55.4		0.0228

注:* $\alpha = \dfrac{1}{\lambda_i}\left(\dfrac{d\lambda_i}{dt}\right)$

摘自:印永嘉主编.物理化学简明手册.北京:高等教育出版社,1988

附录 27　几种胶体的 ζ 电位

水溶胶				有机溶胶		
分散相	ζ/V	分散相	ζ/V	分散相	分散介质	ζ/V
As$_2$S$_3$	−0.032	Bi	0.016	Cd	CH$_3$COOC$_2$H$_5$	−0.047
Au	−0.032	Pb	0.018	Zn	CH$_3$COOCH$_3$	−0.064
Ag	−0.034	Fe	0.028	Zn	CH$_3$COCC$_2$H$_5$	−0.087
SiO$_2$	−0.044	Fe(OH)$_3$	0.044	Bi	CH$_3$COCC$_2$H$_5$	−0.091

摘自:天津大学物理化学教研室主编.物理化学(下册).北京:人民教育出版社,1979

附录 28　25℃下标准电极电势及温度系数

电极	电极反应	$E^\ominus$/V	$dE^\ominus/dT$/(mV·K^{-1})
Ag^+,Ag	$Ag^+ + e \Longrightarrow Ag$	0.7991	−1.000
AgCl,Ag,Cl$^-$	$AgCl + e \Longrightarrow Ag + Cl^-$	0.2224	−0.658
AgI,Ag,I$^-$	$AgI + e \Longrightarrow Ag + I^-$	−0.151	−0.284
Cd^{2+},Cd	$Cd^{2+} + 2e \Longrightarrow Cd$	−0.403	−0.093
Cl_2,Cl$^-$	$Cl_2 + 2e \Longrightarrow 2Cl^-$	1.3595	−1.260
Cu^{2+},Cu	$Cu^{2+} + 2e \Longrightarrow Cu$	0.337	0.008
Fe^{2+},Fe	$Fe^{2+} + 2e \Longrightarrow Fe$	−0.440	0.052
Mg^{2+},Mg	$Mg^{2+} + 2e \Longrightarrow Mg$	−2.37	0.103
Pb^{2+},Pb	$Pb^{2+} + 2e \Longrightarrow Pb$	−0.126	−0.451
PbO_2,$PbSO_4$,SO_4^{2-},H^+	$PbO_2 + SO_4^{2+} + 4H^+ + 2e \Longrightarrow PbSO_4 + 2H_2O$	1.685	−0.326
OH$^-$,O_2	$O_2 + 2H_2O + 4e \Longrightarrow 4OH^-$	0.401	−1.680
Zn^{2+},Zn	$Zn^{2+} + 2e \Longrightarrow Zn$	−0.7628	0.091

摘自:印永嘉主编.物理化学简明手册.北京:高等教育出版社,1988

附录 29　25℃下一些不同质量摩尔浓度的强电解质的活度系数

电解质	m/(mol·kg^{-1})					电解质	m/(mol·kg^{-1})				
	0.01	0.1	0.2	0.5	1.0		0.01	0.1	0.2	0.5	1.0
$AgNO_3$	0.90	0.734	0.657	0.536	0.429	KOH		0.798	0.760	0.732	0.756
$CaCl_2$	0.732	0.518	0.472	0.448	0.500	NH_4Cl		0.770	0.718	0.649	0.603
$CuCl_2$		0.508	0.455	0.411	0.417	NH_4NO_3		0.740	0.677	0.582	0.504
$CuSO_4$	0.40	0.150	0.104	0.0620	0.0423	NaCl	0.9032	0.778	0.735	0.681	0.657
HCl	0.906	0.796	0.767	0.757	0.809	$NaNO_3$		0.762	0.703	0.617	0.548
HNO_3		0.791	0.754	0.720	0.724	NaOH		0.766	0.727	0.690	0.678
H_2SO_4	0.545	0.2655	0.2090	0.1557	0.1316	$ZnCl_2$	0.708	0.515	0.462	0.394	0.339
KCl	0.732	0.770	0.718	0.649	0.604	$Zn(NO_3)_2$		0.531	0.489	0.474	0.535
KNO_3		0.739	0.663	0.545	0.443	$ZnSO_4$	0.387	0.150	0.140	0.0630	0.0435

摘自:复旦大学等编.物理化学实验(第2版).北京:高等教育出版社,1995

附录 30　25℃下 HCl 水溶液的摩尔电导和电导率与浓度的关系

c/(mol·L^{-1})	0.0005	0.001	0.002	0.005	0.01	0.02	0.05	0.1	0.2
Λ_m/(S·cm^2·mol^{-1})	423.0	421.4	419.2	415.1	411.4	406.1	397.8	389.8	379.6
$10^3\kappa$/(S·cm^{-1})		0.4212	0.8384	2.076	4.114	8.112	19.89	39.98	75.92

摘自:印永嘉主编.物理化学简明手册.北京:高等教育出版社,1988

附录 31 几种化合物的磁化率

无机物	T/K	质量磁化率 $10^9 \chi_m/(m^3 \cdot kg^{-1})$	摩尔磁化率 $10^9 x_M/(m^3 \cdot mol^{-1})$
$CuBr_2$	292.7	38.6	8.614
$CuCl_2$	289	100.9	13.57
CuF_2	293	129	13.19
$Cu(NO_3)_2 \cdot 3H_2O$	293	81.7	19.73
$CuSO_4 \cdot 5H_2O$	293	73.5(74.4)	18.35
$FeCl_2 \cdot 4H_2O$	293	816	162.1
$FeSO_4 \cdot 7H_2O$	293.5	506.2	140.7
H_2O	293	-9.50	-0.163
$Hg[Co(CNS)_4]$	293	206.6	
$K_3Fe(CN)_6$	297	87.5	28.78
$K_4Fe(CN)_6$	室温	4.699	-1.634
$K_4Fe(CN)_6 \cdot 3H_2O$	室温		-2.165
$NH_4Fe(SO_4)_2 \cdot 12H_2O$	293	378	282.2
$(NH_4)_2Fe(SO_2)_2 \cdot 6H_2O$	293	397(406)	255.8

摘自：复旦大学等编.物理化学实验(第2版).北京：高等教育出版社,1995

附录 32 液体的分子偶极矩、介电常数与极化度

化合物	$\mu/(10^{-30}C \cdot m)$	$t/℃$	0	10	20	25	30	40	50
水	6.14	ε	87.83	83.86	80.08	78.25	76 47	73.02	69.73
		$P_\infty/(mL \cdot mol^{-1})$							
氯仿	3.94	ε	5.19	5.00	4.81	4.72	4.64	4.47	4.31
		$P_\infty/(mL \cdot mol^{-1})$	51.1	50.0	49.7	47.5	48.8	48.3	17.5
四氯化碳	0	ε			2.24	2.23			2.13
		$P_\infty/(mL \cdot mol^{-1})$				28.2			
乙醇	5.57	ε	27.88	26.41	25.00	24.25	23.52	22.16	20.87
		$P_\infty/(mL \cdot mol^{-1})$	74.3	72.2	70.2	69.2	68.3	66.5	64.8
丙酮	9.04	ε	23.3	22.5	21.4	20.9	20.5	19.5	18.7
		$P_\infty/(mL \cdot mol^{-1})$	184	178	173	170	167	162	158
乙醚	4.07	ε	4.80	4.58	4.38	4.27	4 15		
		$P_\infty/(mL \cdot mol^{-1})$	57.4	56.2	55.0	54.5	51.0		
苯	0	ε	2.30	2.29	2.27	2.26	2.25	2.25	2.22
		$P_\infty/(mL \cdot mol^{-1})$				26.6			
环己烷	0	ε			2.023	2.015			
		$P_\infty/(mL \cdot mol^{-1})$							
氯苯	5.24	ε	6.09		5.65	5.63		5.37	5.23
		$P_\infty/(mL \cdot mol^{-1})$	85.5		81.5	82.0		77.8	76.8
硝基苯	13.12	ε	37.85	35.97		33.97	32.26	30.5	
		$P_\infty/(mL \cdot mol^{-1})$	365	354	348	339	320	316	
正丁醇	5.54	ε							
		$P_\infty/(mL \cdot mol^{-1})$							

摘自：H.M.巴龙等编著.物理化学数据简明手册(第2版).上海：上海科学技术出版社,1959

附录 33　铂铑-铂（分度号 LB-3）热电偶毫伏值与温度换算

℃	0	10	20	30	40	50	60	70	80	90
0	0.000	0.055	0.113	0.173	0.235	0.299	0.365	0.432	0.502	0.573
100	0.645	0.719	0.795	0.872	0.950	1.029	1.109	1.190	1.273	1.356
200	1.440	1.525	1.611	1.698	1.785	1.873	1.962	2.051	2.141	2.232
300	2.323	2.414	2.506	2.599	2.692	2.786	2.880	2.974	3.069	3.164
400	3.260	3.356	3.452	3.549	3.645	3.743	3.840	3.938	4.036	4.135
500	4.234	4.333	4.432	4.532	4.632	4.732	4.832	4.933	5.034	5.136
600	5.237	5.339	5.442	5.544	5.648	5.751	5.855	5.960	6.064	6.169
700	6.274	6.380	6.486	6.592	6.699	6.805	6.913	7.020	7.128	7.236
800	7.345	7.454	7.563	7.672	7.782	7.892	8.003	8.114	8.225	8.336
900	8.448	8.560	8.673	8.786	8.899	9.012	9.126	9.240	9.355	9.470
1000	9.585	9.700	9.816	9.932	10.048	10.165	10.282	10.400	10.517	10.635
1100	10.754	10.872	10.991	11.110	11.229	11.348	11.462	11.587	11.707	11.827
1200	11.947	12.067	12.188	12.308	12.429	12.550	12.671	12.792	12.913	13.034
1300	13.155	13.276	13.397	13.519	13.640	13.761	13.883	14.004	14.125	14.247
1400	14.368	14.489	14.610	14.731	14.852	14.973	15.094	15.215	15.336	15.456
1500	15.576	15.697	15.817	15.937	16.057	16.176	16.296	16.415	16.534	16.653
1600	16.771	16.890	17.008	17.125	17.243	17.360	17.477	17.594	17.771	17.826
1700	17.942	18.056	18.170	18.282	18.394	18.504	18.612	—	—	—

摘自：复旦大学等编. 物理化学实验（第 2 版）. 北京：高等教育出版社，1995

附录 34　镍铬-镍硅（分度号 EU-2）热电偶毫伏值与温度换算

℃	0	10	20	30	40	50	60	70	80	90
0	0.000	0.397	0.798	1.203	1.611	2.022	2.436	2.850	3.266	3.681
100	4.059	4.508	4.919	5.327	5.733	6.137	6.539	6.939	7.388	7.737
200	8.137	8.537	8.938	9.341	9.745	10.151	10.560	10.969	11.381	11.793
300	12.207	12.623	13.039	13.456	13.874	14.292	14.712	15.132	15.552	15.974
400	16.395	16.818	17.241	17.664	18.088	18.513	18.938	19.363	19.788	20.214
500	20.640	21.066	21.493	21.919	22.346	22.772	23.198	23.624	24.050	24.476
600	24.902	25.327	25.751	26.176	26.599	27.022	27.445	27.867	28.288	28.709
700	29.182	29.547	29.965	30.383	30.799	31.214	31.629	32.042	32.455	32.866
800	33.277	33.686	34.095	34.502	34.909	35.314	35.718	36.121	36.524	36.925
900	37.325	37.724	38.122	38.519	38.915	39.310	39.703	40.096	40.488	40.789
1000	41.269	41.657	42.045	42.432	42.817	43.202	43.585	43.968	44.349	44.729
1100	45.108	45.486	45.863	46.238	46.612	46.985	47.356	47.726	48.095	48.462
1200	48.828	49.192	49.555	49.916	50.276	50.633	50.990	51.344	51.697	52.049
1300	52.398	52.747	53.093	53.439	53.782	54.125	54.466	54.807	—	—

摘自：复旦大学等编. 物理化学实验（第 2 版）. 北京：高等教育出版社，1995

（林彩萍编）